治涝水文计算

北京川流科技开发中心

费永法　吕洁　曾欣　编著

中国水利水电出版社
www.waterpub.com.cn
·北京·

内 容 提 要

本书阐述了治涝水文计算的目的、基本任务，介绍了国内外治涝水文计算方法的发展现状，比较系统和详细地论述了我国易涝农区、城区及涝水承泄区治涝水文计算的主要方法及其特点、适用范围和参数确定的技术要求，并结合实例介绍了方法的运用。

本书可为治涝规划设计工作者提供技术参考，也可作为高等院校相关专业师生的学习参考书。

图书在版编目（CIP）数据

治涝水文计算 / 北京川流科技开发中心等编著. --
北京 : 中国水利水电出版社，2020.1
ISBN 978-7-5170-8170-8

Ⅰ．①治… Ⅱ．①北… Ⅲ．①除涝－水文计算 Ⅳ.
①TV87

中国版本图书馆CIP数据核字(2019)第250956号

书　　名	**治涝水文计算** ZHILAO SHUIWEN JISUAN	
作　　者	北京川流科技开发中心 　费永法　　吕洁　　曾欣	编著
出版发行	中国水利水电出版社 （北京市海淀区玉渊潭南路1号D座　100038） 网址：www.waterpub.com.cn E-mail：sales@waterpub.com.cn 电话：(010) 68367658（营销中心）	
经　　售	北京科水图书销售中心（零售） 电话：(010) 88383994、63202643、68545874 全国各地新华书店和相关出版物销售网点	
排　　版	中国水利水电出版社微机排版中心	
印　　刷	天津嘉恒印务有限公司	
规　　格	170mm×240mm　16开本　10.5印张　206千字	
版　　次	2020年1月第1版　2020年1月第1次印刷	
印　　数	0001—1500册	
定　　价	**49.00元**	

序 一

人类的生存和发展离不开水，但水的自然形态并不完全适应人类的需求。因此，千百年来人类试图通过兴水利、除水害而建立一种与自然共存的关系，同时也在不断治水的过程中推动了中华民族文明历史的发展。

洪涝灾害是我国主要的气象灾害之一，并呈现出洪、涝难分的特点。通过多年治理，目前我国大部分地区的洪水防御体系已基本建成，防洪安全得以保障，但仍有许多平原低洼地区，由于缺乏系统治理而经常遭受涝水侵袭，造成农田低产甚至生命财产损失。因此，涝灾治理事关国家粮食安全、区域经济社会发展和人民生活水平提高。如何减轻涝灾损失，促进人水和谐，是我国当前及今后一个时期需要着力解决的重大问题。

治涝水文计算是治涝规划设计的重要基础工作，治涝水文计算方法是治涝水文计算的重要工具。目前我国各省（自治区、直辖市）水利部门根据各自地区的地理气象特点和治涝工作经验，提出了适用于当地条件的治涝水文计算方法及相关计算参数，对指导各地的治涝规划设计发挥了很好的作用。常用的治涝水文计算方法有单位线法、排涝模数经验公式法及水网水力学模型法等，在实际工作中，要根据不同地形、下垫面情况、排水体系以及涝区内调蓄涝水能力等，选择合适的治涝水文计算方法。

费永法同志从事水文分析计算工作多年，具有丰富的实践经验和理论知识，并注意收集和积累我国平原地区各省（自治区、直辖市）的治涝水文计算方法等有关资料，对国内已有的治涝水文计算方法进行了归纳、整理，全面系统地论述了各种计算方法及其特点，分析了各种方法的参数确定技术要求和适用范围等，对治涝水文计算具有独到的见解，书中还通过案例理论联系实际地介绍了计算方法的应用。

　　这是一本既反映我国当前除涝水文计算技术水平又简明实用的技术参考书。作者这种摒弃浮躁、潜心研究的科学精神令人钦佩。

水利部水利水电规划设计总院原副总工程师

2019 年 7 月

序　二

　　我国是世界上涝灾频繁而严重的国家之一，具有涝灾范围广、损失大、洪涝难分等特点。目前，七大流域的防洪体系基本建立，大江大河的防洪能力大大提高，防洪形势显著改善。但由于治涝投入相对较少，易涝地区涝灾问题没有得到切实解决，尤其近年来城市化进程加快，城区涝灾问题越来越突出。涝灾导致的损失逐年增加，直接关系到国家粮食安全和广大人民的生活、生产环境安全和经济社会的发展。涝灾治理是我国当前及今后一个时期需要着力解决的重大问题。

　　治涝水文计算是治涝规划设计的基础工作，治涝水文计算成果是衡量现状排涝能力的标尺，也是确定治涝工程规模的重要依据。设计治涝流量的大小，对治涝规划布局、工程规模、投资和效果影响很大。因此，在治涝规划中应十分重视治涝水文计算工作。

　　鉴于平原地区和城区特殊的地形条件和水文情势，以及不同地区农业生产及经济社会发展要求等方面的差异，各地根据当地的经验和习惯形成了各种不同的治涝水文计算方法。各种治涝水文计算方法和参数有其相应的适用条件，如采用不当会造成很大的计算误差。在治涝工程规划设计中，应针对不同的地形条件、土地利用情况和排水方式，选取合适的治涝水文计算方法和参数进行治涝水文计算，合理确定工程规模。

　　目前，像《治涝水文计算》这样系统介绍治涝水文计算方面的专著还十分鲜见。作者费永法副总工程师长期从事淮河流域平原河道治理等工程的水文分析计算工作，在水文分析计算方面具有扎实的理论功底和丰富的工作经验。该书是作者在广泛收集我国平原地区各省治涝水文计算方法的基础上，由北京川流科技开发中心组织策划，总结长期实践经验而完成的一部力作，比较系统、详细地论述了我国主要的治涝水文计算方法及其特点、适用范围、参数确定的技术要求等。该书系统、简明、实用，是从事治涝水文计算工作者实用的技术参考书。

国务院政府特殊津贴专家
安徽省工程勘察设计大师

2019 年 7 月

前　言

　　涝灾通常发生在平原低洼地区。由于平原地区与山丘区的汇水特性不同，治涝与防洪保护对象和保护要求不同，使得治涝水文计算与山丘区设计洪水的计算方法有明显区别。即使有些山丘区适用的方法也可适用于平原区，但其确定参数的资料要求等方面也有较大区别。不同的治涝水文计算方法有其不同的适用条件，如若选用方法不当或确定的参数不合适，则计算的排涝流量可能会有较大的出入，导致工程规模过大，造成人力、物力和财力的浪费；或导致排涝规模偏小，达不到设定的治理标准和减灾目标。另外，我国城市化进程加快，平原城市内涝问题日益突出，以及建设海绵城市的需要，对城市治涝水文计算方法提出了新要求。

　　治涝水文计算是治涝规划设计的基础工作，设计排涝流量是衡量现状排涝能力的标尺，也是确定治涝工程规模的重要依据。由于以往比较注重防洪工程建设，防洪工程的水文计算方法相对比较成熟和规范，但至今仍缺乏系统介绍平原地区治涝水文计算方法的工具书。

　　为了系统反映我国治涝水文计算方法及其特点，明确各种方法参数确定的特殊要求、适用条件和适用范围，本书在广泛收集我国各省治涝水文计算方法的基础上，总结归纳了治涝水文及其他工程水文计算工作的实践经验和相关专题研究成果，阐述了治涝水文计算的目的、基本任务，介绍了国内外治涝水文计算方法的发展现状，结合长期的工作实践和经验，系统、详细地论述了我国易涝农区、城区及涝水承泄区治涝水文计算主要方法及其特点、适用范围和参数确定的技术要求，并结合实例介绍了方法的运用。

　　全书共六章，包括绪论、国内外治涝水文计算方法简介、农区常规治涝水文计算、模型法计算排涝流量、城区治涝水文计算、承泄区设计排涝水位和潮位等内容。本书可为治涝规划设计工作者提供技术参考，也可作为高等院校相关专业师生的学习参考书。

本书由北京川流科技开发中心组织编写，费永法担任主编，吕洁、曾欣参加编写。感谢汪院生提供了河网水力学模型应用实例，李臻、王德智对 3.4 节、5.1.4.3 部分实例进行了计算，周家贵对部分实例进行了计算和校对。本书在策划、编写及资料引用等方面得到了中水淮河规划设计研究有限公司有关领导和同事们的大力支持。水利部水利水电规划设计总院科技外事处组织李小燕、何华松、温立成、李爱玲等治涝规划及水文等方面的专家对该书进行了技术讨论和指导。在此，对所有给予本书支持、指导和帮助的同仁表示衷心的感谢。

由于编者知识水平有限，不足之处在所难免，敬请读者批评指正。

编者

2019 年 7 月

目　　录

Hydrological Calculations for Waterlogging Control

Abstract

This book presents the purpose and basic tasks of the hydrological calculations for waterlogging control, and introduces the current waterlogging hydrological calculation methods applied in China and other countries. The main calculation methods of waterlogging hydrological calculations for rural areas, urban areas and drainage receiving areas, as well as their characteristics, application areas and their scopes, and technical requirements for determining relevant parameters have been systematically and detailedly discussed in this book. The calculation methods have been illustrated with practical examples. This book can serve as a technical reference for planners and design engineers engaged in waterlogging prevention, and for college teachers and students.

CONTENTS

Preface 1

Preface 2

Foreword

1 绪 论

1.1 涝灾

涝灾是指本地降雨过多，不能及时向外排泄，造成地表积水而对农作物、设施等各类财产和人类活动造成的危害。涝灾主要发生在平原地区和地势低洼的城区。根据 2011 年有关资料统计[1-2]，我国主要平原易涝区面积有 52.3 万 km²，约占国土面积的 5.4%；人口有 45023 万人，约占全国人口的 33.4%；粮食产量 46567 万 t，约占全国总产量的 81.5%；地区生产总值 244714 亿元，约占国民经济总产值的 51.7%。平原易涝区是我国人口聚居区，是经济社会活动十分重要的场所。同时，涝灾也是平原地区最为频繁和严重的自然灾害。为保障平原地区农业生产和粮食安全、改善平原地区经济社会发展环境，必须进行涝灾治理，提高平原地区抵御涝灾的能力。平原地区治涝工程面广量大，治理涝灾是平原地区水利工作长期而又艰巨的任务之一。

1.1.1 涝区类型及其排水特点

我国涝区主要分布在大兴安岭—太行山—雪峰山一线以东的第三级阶地上。这些地区地面高程一般在 200m 以下，基本位于我国东部、七大江河中下游的广阔平原区。按照自然地理条件，可以划分为东北平原区、华北平原区、淮河中下游区、长江中游平原区、长江下游平原区、珠江三角洲及东南沿海平原区、其他平原区等。

根据地形和排水条件特点，平原可划分为坡地型平原、洼地型平原、水网圩区型平原、山区谷地平原等几种类型[3]。其中以坡地平原为主，约占平原区总面积的 46%，洼地平原、水网圩区平原、山区谷地平原分别约占平原区总面积的 27%、16% 和 11%。

（1）坡地型平原。

坡地型平原（亦称作平原坡水区）是指流域存在一定的坡度、汇流方向总体趋势一致，各河段水流方向比较单一。在较大降雨情况下，往往因来水超出河道沟渠排水能力造成涝水溢出河沟、发生坡面漫流或洼地积水而形成灾害的

1

平原。坡地型平原区排涝方式通常依靠地形坡度，涝水受重力作用自然排出，即所谓的自排方式排出。坡地型平原主要分布在淮河流域的淮北平原，东北地区的松嫩平原、三江平原与辽河平原，海河流域的中下游平原，长江流域的江汉平原等，其余零星分布在长江、黄河及太湖流域。

（2）洼地型平原。

洼地型平原主要分布在沿江、河、湖、海周边的低洼区域，其地貌特点近似于坡地型平原，但涝水承泄区[4]（即承泄涝水的干流河道、湖泊或海洋等）持续较长时间的高水位，低洼地区涝水位相对较低，丧失自排能力而形成积水的区域。属于洼地型的易涝平原区主要有：长江流域的沿江洼地、洞庭湖和鄱阳湖滨湖地区等，淮河干流中游两侧洼地和洪泽湖上游滨湖地区，海河流域的沿河洼地如清南清北地区等平原区。这类洼地涝水排除的方式一般为：当承泄区水位低于涝区排水河道水位时，可通过涵闸自排（依靠重力作用涝水通过涵闸自然排入承泄区）；当承泄区水位高于涝区水位、涝水受承泄区高水位顶托不能自排时，排水涵闸关闭，涝水需要依靠泵站提升的方式（即抽排方式）排出涝区。

（3）水网圩区型平原。

水网圩区型平原分布在江河下游三角洲或滨湖冲积、沉积平原，地势十分平坦，排水区坡降不明显，河汊纵横交错，水流方向不定。当遭遇暴雨时，水网水位常超出地面，须筑圩（垸）防御，并依靠外力排除圩内积水。

淮河下游的里下河地区、长江流域的洞庭湖滨湖地区和鄱阳湖滨湖地区、太湖流域的阳澄淀泖地区和杭嘉湖地区、珠江三角洲等属这一类型。

（4）山区谷地平原。

山区谷地平原分布于山谷缓坡地带，面积小且分散。有圩垸的平原区域内水受干流洪水高水位顶托不能外排而受淹。多数情况下山区河谷干流洪水暴涨暴落，持续时间短，所以这类平原区受淹时间一般不长。

1.1.2　气象条件

我国主要平原地区位于东部季风气候区，多年平均降水量在 400～2000mm，自南向北、自沿海向内陆递减。主要雨季 4 月中旬从华南南部沿海开始，6 月进入长江中下游及淮河流域，7—8 月到华北和东北平原区；9—10月从北向南主要雨季依次结束。

年降水量集中在主要雨季。主要雨季降水量可占全年降水量的 60%～80%，北方降水集中程度大于南方。根据气象灾害丛书《暴雨洪涝》[5]，我国一次暴雨过程的持续时间一般为数小时到 63d，主要致涝暴雨的时长为 2～7d，其中 85%的暴雨过程持续日数为 2～5d，6d 以上的仅占总暴雨过程的 14%。

根据《中国暴雨统计参数图集》[6]，不同时段暴雨均值分布的总体趋势与年降水量地区分布相似，即南方大于北方、东部高于西部，但有不少局部高值区和低值区。根据其年最大 10min、60min、6h、24h 和 3d 暴雨量均值等值线图分析，暴雨集中程度均比较高（见图 1.1-1），如年最大 6h 暴雨量占年最大 24h 暴雨均值的 60%～81%，年最大 24h 暴雨量大多占年最大 3d 暴雨均值的 72%～85%。

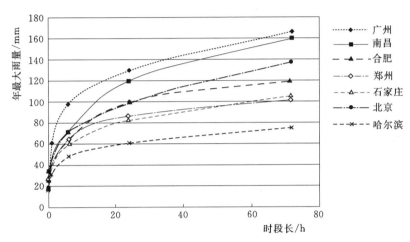

图 1.1-1　平原易涝地区代表点时段长与年最大雨量均值关系图

1.1.3　涝灾成因及损失

产生涝灾的成因主要有以下几方面：

（1）降雨因素。

天气和气候因素是引发涝灾的直接原因，暴雨强度大、历时长，产生的积涝水量多，涝灾程度就大。

（2）地形因素。

地形低洼，坡降平缓，地表径流汇流缓慢，河道排泄不畅，易积涝成灾。

（3）承泄区因素。

承泄区有河道、湖泊和蓄涝洼地等，既有承纳涝水的功能，又有宣泄涝水的任务，相当于接纳涝水的临时或最终的受纳水体。如果承泄区的容量或宣泄能力不足，则会造成涝水难以及时排出，导致涝灾。

（4）排涝设施因素。

当河道和泵站等排涝能力足够大，相同条件下的涝水能比较快速地排出涝区，则不易形成涝灾；反之，则易形成涝灾。

涝灾与洪灾相伴相生，是对人类生产与生活危害最为严重的自然灾害之一。据有关研究[3]，目前全球各种灾害造成的损失，洪涝占40%，热带气旋占20%，干旱占15%，地震占15%，其余占10%。我国是世界上洪涝灾害最为频繁而又严重的国家之一。涝灾有范围广、损失大、洪涝难分、对社会经济发展的负面影响巨大等特点。据有关资料统计，半个多世纪以来，我国平均每年因洪涝受灾耕地面积为1.4亿亩❶，因灾死亡近5000人。目前全国共有中低产田面积8.45亿亩，其中易涝耕地面积3.66亿亩，涝灾是导致农田低产的主要原因之一，全国涝灾面积平均每年达1亿多亩，因涝导致的粮棉油减产占全国总产量的5%左右。多年平均涝灾损失约1000亿元，涝灾造成的损失约占洪涝灾害损失的2/3，涝灾损失往往远大于洪灾损失。

1.2 治涝水文计算的目的

涝灾治理不仅事关国家粮食安全，而且与区域经济社会发展、人民生活水平提高密切相关。如何减轻涝灾损失，促进人水和谐，是我国当前及今后一个时期需要着力解决的重大问题。全球气候变化和极端天气事件的频繁发生，加剧了洪涝灾害和损失，同时，也对加强江河流域和区域治理、提高防御自然灾害能力、保障粮食安全提出了更高的要求。

治涝规划是涝灾治理的总体安排，设计治涝水文计算是治涝规划的基础工作。治涝流量成果是衡量现状排涝能力的标尺，也是确定治涝工程规模的重要依据。设计治涝流量的大小对治涝规划布局、工程规模、投资和效果影响较大。

以怀洪新河水系洼地治理工程为例，其治理范围约4690km²，共安排疏浚河道513km，各排水河道设计流量大多在数十到数百立方米每秒。按该工程有关指标匡算，若设计排涝流量均偏大1m³/s，需增加挖河土700万～1000万m³，增加压占土地面积3500～5000亩，增加投资1540万～3080万元。因此，设计排涝流量大小对于面广量大的治涝工程影响十分巨大。若设计排涝流量偏大，则很易造成投资的较大浪费；若设计排涝流量偏小，则河道达不到治涝减灾的预期效果。因此，合理确定治涝水文计算成果十分重要，其中，治涝水文计算方法是关键。

治涝水文计算的目的是通过治涝水文计算分析，提出排涝河道或排涝区一定标准下的排涝流量、承泄区排涝水位（潮位）等，为分析现状排涝能力或确定排涝工程规模提供依据。

---

❶　1亩≈0.0667hm²。

1.3 治涝水文计算的特点

低洼涝区排涝流量计算方法与山丘区设计洪水计算方法有较大差异。其主要特点如下。

1.3.1 依据降雨资料计算

对于山丘区河道，当有实测流量资料时，原则上首选采用实测流量资料分析计算设计洪水。对于平原排水河道，如果河道排涝标准比较高，治理工程基本不会影响设计排涝流量，并且有较长的实测流量资料、资料一致性处理比较容易时，可采用实测流量计算设计排涝流量。但平原排涝河道能满足前述条件的甚少。因此，一般采用设计暴雨间接计算设计流量。主要原因如下：

1）平原地区大多是中小河流，水文测站少，实测流量资料缺乏。

2）平原地区耕地率高、人口密度大、水利工程多，实测流量受人类活动影响较大。

这些人类活动干扰因素因缺乏资料，在流量系列一致性处理时比较困难。

3）用治理前的实测流量资料分析计算的设计排涝流量存在偏小的可能。

在平原地区，一定标准下暴雨所形成的涝水流量与排涝河道的排水能力有关。即同一流域在治理前后发生相同暴雨，治理后的洪峰流量会比治理前的大。这是因为在治理前一旦发生超过河道排涝能力的涝水，由于受河道排水能力的限制，河道水位很容易高出地面，支沟及面上的水流受干流、支沟顶托而排泄不畅，形成面上积水，河道洪峰流量就小。反之，治理后平原河道的排水能力加大，面上涝水能较顺利通过排水河道排出，不易造成面上积水，汇流较快，河道洪峰流量就大。一般而言，平原河道治理前后水文系列（流量或水位等）的一致性会明显受到影响，不宜直接用治理前的实测流量资料来分析估算治理后的设计洪水。通常情况下，需治理的平原河道往往排涝能力较低，用治理前的实测流量资料分析计算的设计排涝流量存在偏小的可能。

1.3.2 需要考虑调蓄作用的影响

山丘区由于流域或河道坡度较大，汇流速度大，汇流时间短，可不考虑面上的滞蓄作用。平原区地势平缓，面上和河道汇流速度缓慢、涝水在面上和河道内的滞蓄作用相对较大。王国安等人[7]指出：推理公式是建立在流域汇流时间内降雨强度、径流系数和汇流速度在时空上均匀分布、不考虑流域调蓄作用等假定的基础上的，因此只适用于山丘区小流域设计洪水计算，不适用于平原河流和水网区排涝计算。

山丘区最常用的汇流单位线法，是基于净雨形成的出口断面流量过程符合倍比性和叠加性假定。在平原坡水区，当河水在平槽以下时，符合前述净雨汇流假定，因此，在这种情况下汇流单位线法可适用于平原坡水区。但河渠纵横的水网区，水流流向不定的涝区，以及有较大湖泊调蓄涝水的涝区，不符合单位线法的基本假定，因此，单位线法不适用于这些地区，这种情况下需要用水量平衡法或水力学模型进行计算。

由此可见，有些方法仅适用于山丘区，不适用于平原区；有些方法既适用于山丘区也适用于某些类型的平原区。不同地形条件、不同类型的平原涝区对排涝流量计算方法有不同的要求。

1.3.3　需要考虑不同保护对象的要求

山丘区由于坡度大、汇流速度快、汇流时间短，洪水过程峰型比较尖瘦，河水位变幅大，一旦发生灾害，淹水深、流速大，危害人员和房屋及重要基础设施的安全，灾情较严重，因此要求河道堤防能防御设计标准洪水过程中的最大流量或最高洪水位。平原地区，坡水区的地面坡降比较小，坡面汇流和河道汇流速度比较缓慢，峰型一般较矮胖（见图 1.3-1），一旦形成积涝成灾，涝水一般不会直接危及人员生命、冲毁重要基础设施，但会影响居民生活和基础设施的运行。农作物有一定的耐淹特性，如旱作物一般可耐淹 1d 左右、水稻可耐淹 3d 左右（见表 1.3-1）。因此在平原地区农区排涝流量往往可以用 24h 平均最大流量或日平均最大流量来代表。如排涝模数经验公式中的排涝模数一般是 24h 平均排涝模数或日平均排涝模数；

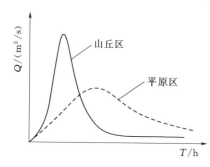

图 1.3-1　山丘区、平原区洪水流量过程示意图

平均排除法往往是日平均或 3～5d 平均排涝模数。因此，在上述情况下排涝流量计算的方法可简化，如小面积涝区排涝流量计算可采用平均排除法等，而山丘区则不适用。

表 1.3-1　　　　　农作物的耐淹水深和耐淹历时[8]

农作物	生育阶段	耐淹水深/mm	耐淹历时/d
小麦	拔节—成熟	50～100	1～2
棉花	开花、结铃	50～100	1～2

续表

农作物	生育阶段	耐淹水深/mm	耐淹历时/d
玉米	抽穗	80～120	1～1.5
	灌浆	80～120	1.5～2
	成熟	100～150	2～3
甘薯	—	70～100	2～3
春谷	孕穗	50～100	1～2
	成熟	100～150	2～3
大豆	开花	70～100	2～3
高粱	孕穗	100～150	5～7
	灌浆	150～200	6～10
	成熟	150～200	10～20
水稻	返青	30～50	1～2
	分蘖	60～100	2～3
	拔节	150～250	4～6
	孕穗	200～250	4～6
	成熟	300～350	4～6
林地	成熟	150～200	2～3
牧草		80～150	3～10

1.3.4 需要考虑不同排水方式

根据不同的平原区类型,其排涝方式是不同的。对于坡水区平原,涝水可由重力作用自然排出,即所谓的自排方式。对于滨湖(海)圩区、水网区,当承泄区水位低于涝区水位时可以自排;当承泄区水位高于涝区水位时,需要通过泵站提水排出,即所谓的抽排方式。

自排是涝水由于重力作用通过河道或涵闸自然排出的一种排水形式。根据通常的做法,自排设计流量是采用设计暴雨所产生径流过程的最大流量值,即所谓的排水河道、涵闸按排峰控制,因此计算方法应能计算排涝流量的峰值。

抽排是涝水依靠动力提升后排出涝区的一种排水方式。抽排需要建设泵站,运行时需要电能或柴油等能源,运行和管理费用比较高,管理也比较复杂。抽排是按在规定时间内排出一定的水量,即所谓的按排量控制。在规定的时段内,允许涝水在涝区滞蓄,但达到设计排出时间时,涝水则应排至治涝标准规定的排除程度。例如,水田需抽排时,根据水稻的耐淹特性,可采用 3d

降雨 3d 排到耐淹水深。因此其设计排涝流量采用 3d 降雨产生的净雨，扣除水田耐淹水深所蓄水量后，按 3d 平均排除计算。

1.4 排涝模数及其影响因素

1.4.1 排涝模数

排涝模数是单位面积上的排涝流量，即排涝流量与相应涝区集水面积的比值，以式（1.4-1）表示：

$$M=\frac{Q}{F} \tag{1.4-1}$$

式中：M 为排涝模数，$m^3/(s \cdot km^2)$；Q 为排涝流量，m^3/s；F 为集水面积，km^2。

1.4.2 排涝模数的影响因素

排涝模数的影响因素很多，一般有暴雨、排水区面积、下垫面产流条件、保护对象耐淹程度、河网和湖泊的调蓄能力及计算方法等因素。下面对暴雨、产流条件、计算方法和水面率（反映涝区内河网、湖洼调蓄涝水能力的指标）等几个主要因素进行说明。

（1）暴雨因素。

涝水是由当地暴雨产生的，因此设计暴雨的大小是产生当地涝水量多少、决定排涝模数大小十分重要的因素之一。洞庭湖某区 5 年一遇最大 3d 降雨量 184mm 左右，排涝模数在 $0.5\sim1.5m^3/(s \cdot km^2)$。松花江某涝区年 5 年一遇最大 3d 设计暴雨不到 100mm，排涝模数一般小于 $0.3m^3/(s \cdot km^2)$。降雨量差异是导致南北方排涝模数差别较大的重要原因之一。

（2）产流条件因素。

同一省份不同地区即使设计暴雨相近，计算方法相同，但因不同下垫面条件的径流系数不同，排涝模数也不相同。表 1.4-1 是淮北平原地区某省两个排涝区设计暴雨、设计净雨和排涝模数比较表。由表可知，5 年一遇 3d 设计暴雨五里河排涝区为 140mm，八里河排涝区为 135mm，两者仅相差 3.6%，但净雨量相差达 24.3%，排涝模数相差 35%。由此可见，不同下垫面产流差异也是影响排涝模数大小的一个主要因素。

（3）计算方法不同的影响。

即使气象、下垫面等条件一致，选择不同的方法计算可能也会造成排涝模数较大的差别。以南四湖湖西大沙河平原坡水区为例，采用平均排除法和排涝

表 1.4-1　　淮北平原地区某省两个涝区设计暴雨、设计净雨和

排涝模数比较表

项目	排涝区名	3 年一遇	5 年一遇	10 年一遇	20 年一遇
3d 设计暴雨	五里河	109mm	140mm	183mm	227mm
	八里河	105mm	135mm	175mm	216mm
	相差	3.7%	3.6%	4.4%	4.8%
设计净雨	五里河	48mm	70mm	113mm	159mm
	八里河	36mm	53mm	86mm	117mm
	相差	25.0%	24.3%	23.9%	26.4%
排涝模数	五里河	0.55 $m^3/(s \cdot km^2)$	0.80 $m^3/(s \cdot km^2)$	1.16 $m^3/(s \cdot km^2)$	1.54 $m^3/(s \cdot km^2)$
	八里河	0.35 $m^3/(s \cdot km^2)$	0.52 $m^3/(s \cdot km^2)$	0.75 $m^3/(s \cdot km^2)$	0.96 $m^3/(s \cdot km^2)$
	相差	36.4%	35.0%	35.3%	37.7%

模数经验公式法计算的不同面积 5 年一遇自排流量模数比较如图 1.4-1 所示，平均排除法基本维持在 $0.66 \sim 0.70 m^3/(s \cdot km^2)$ 之间，随面积变化不大。而排涝模数经验公式法随集水面积变化显著，排涝流量模数在 $0.35 \sim 0.90 m^3/(s \cdot km^2)$ 之间，排涝模数经验公式法计算的排涝模数是平均排除法的 53% ～ 129%。平均排除法只适用于面积较小涝区的排涝模数计算。不同的计算方法所计算的排涝模数可能会有较大差别。因此，在排涝模数计算时，应根据洼地类型、集水面积大小、排水方式等选择适当的计算方法。

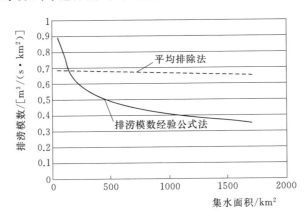

图 1.4-1　南四湖某涝区不同方法 5 年一遇排涝模数比较

（4）水面率对排涝模数的影响。

同一地区不同排水区排涝模数差别较大，水面率也是重要因素之一。表

1.4-2是南方某市的2个排涝区排涝模数比较表,2个排涝区属于同一气候区,降水特性基本一致,下垫面条件相近,排涝标准均为5年一遇3d降水3d排完,排涝方式均为抽排,排涝流量计算方法也相同,但排涝区内水面率差别较大,其中A垸水面率6.9%,B垸水面率14.7%,A垸的水面率是B垸的46%,排涝模数前者是后者的1.8倍。由此可见,水面率对排涝模数的影响也是十分显著的。

表1.4-2 南方某市2个排涝区排涝模数比较表

排涝区名称	总面积/km²	水面面积/km²	水面率/%	排涝模数/[m³/(s·km²)]
A垸	90.02	6.2	6.9	0.40
B垸	46.33	6.82	14.7	0.22

为进一步分析水面率与排涝模数的关系,选择淮北平原区澥河洼50km²典型排水区,假定不同水面率(0、3%、5%、10%、15%)和蓄涝水深(0.5m、1.0m)计算排水模数的变化。按24h降水、24h排除计算不同频率的排涝模数,结果见表1.4-3和图1.4-2。由表1.4-3和图1.4-2可知:

表1.4-3 不同水面率排涝模数比较表

蓄涝水深/m	水面率/%	不同重现期排涝模数/[m³/(s·km²)]				与0水面率的排水模数比/%			
		3年一遇	5年一遇	10年一遇	20年一遇	3年一遇	5年一遇	10年一遇	20年一遇
0.5	0	0.77	1.04	1.6	2.06	100	100	100	100
	3	0.60	0.87	1.43	1.89	77.5	83.3	89.1	91.6
	5	0.48	0.75	1.31	1.77	62.4	72.2	81.9	86.0
	10	0.19	0.46	1.02	1.48	24.8	44.4	63.8	71.9
	15	0.00	0.17	0.73	1.19	0.0	16.5	45.7	57.9
1.0	0	0.77	1.04	1.6	2.06	100	100	100	100
	3	0.42	0.69	1.25	1.71	54.9	66.6	78.3	83.1
	5	0.19	0.46	1.02	1.48	24.8	44.4	63.8	71.9
	10	0.00	0.00	0.44	0.90	0.0	0.0	27.7	43.8
	15	0.00	0.00	0.00	0.32	0.0	0.0	0.0	15.7

1) 水面率大小对排涝模数的影响很显著。

以平均蓄涝水深为0.5m、5年一遇结果为例,水面率由0增大到15%,排涝模数由1.04m³/(s·km²)下降到0.17m³/(s·km²)。水面率分别为3%、5%、10%和15%时,排涝模数分别只有无蓄涝水面时的83.3%、72.2%、44.4%和16.5%。由此可见,水面率对排涝模数的影响很显著。一定面积排涝区内,若有一定的水面调蓄,则可以减小排涝规模。水面面积越大,设计排

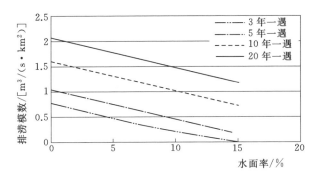

图 1.4-2　不同水面率与排涝模数的关系图（蓄涝水深 0.5m）

涝模数越小。

2）排涝模数与涝水调蓄容量直接相关。

不同的蓄涝水深，不同的水面率，若涝水调蓄水容量相同，则对排涝模数的影响是相同的。10％水面率 0.5m 蓄涝水深的涝水调蓄水容量与 5％水面率 1.0m 蓄涝水深的涝水调蓄容量相同，其各重现期的排涝模数也相同（见表 1.4-3）。因此从本质上讲，排涝模数与蓄涝容积成负线性相关关系。

1.5　治涝水文计算的任务

治涝工程主要包括排涝河道、排涝涵闸、排涝泵站等工程。另外，为减少山丘高地等雨水汇入低洼涝区，减轻低洼地涝情采取的拦截高地洪水的撇洪沟等工程也纳入治涝工程。治涝水文计算的基本任务是为确定各类治涝工程规模提供依据。主要任务包括以下几个方面：

（1）确定涝区集水面积。

涝区集水面积是治涝水文计算的基础资料，是治涝水文计算关键因子之一。涝区集水面积是指涝水汇集的分水线所围面积。而涝区是指因雨水过多，不能及时排出而形成地面积水的区域，这些区域地势均较周边低洼。因此，涝区集水面积与涝区面积在概念上是有区别的。如有些涝区周边的丘岗地上的雨水汇集进入涝区，需通过涝区的排水通道排出去；有些河谷平原圩区，附近的部分山区面积上的雨水也需要通过这些圩区内排水通道排入主河道。因此这些岗地或山区面积也属于涝区的集水面积，这种情况下涝区集水面积就大于涝区面积。若涝区周边无丘岗地或其他高地来水汇入涝区，则涝区集水面积就等于涝区面积。

（2）计算设计暴雨。

设计暴雨是计算设计排涝流量中十分重要的气象因子，由重现期、时段长、暴雨量（或暴雨过程）构成，如 5 年一遇 3d 暴雨量 160mm。

（3）分析计算排涝模数或排涝流量。

不同涝区类型、不同排水方式和不同保护对象（如农区、城区等）所采用的计算公式或方法有所区别，通常需根据涝区类型、排水方式、排水区保护对象等选择合适的方法计算。

（4）分析计算截洪沟设计流量。

根据排涝工程总体规划，当有截洪沟工程时，应分析计算截洪沟设计流量。

（5）分析计算确定承泄区设计排涝水位。

承泄区设计排涝水位是治涝水面线计算的重要边界条件。通常河湖承泄区只需要计算设计水位，感潮河段或海域承泄区由于潮汐周期影响，承泄区水位在每日呈周期变化，当低潮位时有可能涝区水位高于承泄区，可进行自排；当高潮位时则需要抽排。因此，确定治涝工程规模时，不仅需确定最高排涝潮位，还需确定排涝潮位的周期变化过程，一般采用有代表性的潮水位日周期变化过程（简称"排涝潮型"）来表达。

思 考 题

1. 什么是涝灾，为什么说涝灾是我国的主要自然灾害？
2. 我国的平原涝区主要分布在哪些地方？
3. 从排涝角度平原分哪几种类型？
4. 涝水排泄方式有哪几类，各有什么特点？
5. 平原治涝水文计算的目的和任务是什么？
6. 平原治涝水文计算有什么特点？
7. 影响排涝模数大小的主要因素有哪些？

参 考 文 献

［1］ 水利部水利水电规划设计总院. 全国治涝规划 ［R］. 2017.
［2］ 中华人民共和国国家统计局. 2011 中国统计年鉴 ［M］. 北京：中国统计出版社，2011.
［3］ 水利部水利水电规划设计总院，中水淮河规划设计研究有限公司，黑龙江省水利水电勘测设计研究院. 治涝标准关键技术研究 ［M］. 北京：中国水利水电出版社，2019.
［4］ 中华人民共和国水利部. 治涝标准：SL 723—2016 ［S］. 北京：中国水利水电出版社，2016.
［5］ 丁一汇，张建云，等. 暴雨洪涝 ［M］. 北京：气象出版社，2010.

［6］ 水利部水文局，南京水利科学研究院. 中国暴雨统计参数图集［M］. 北京：中国水利水电出版社，2006.

［7］ 王国安，贺顺得，李荣容，等. 论推理公式的基本原理和适用条件［J］. 人民黄河，2010，32（12）.

［8］ 中华人民共和国住房和城乡建设部. 灌溉与排水工程设计规范：GB 50288—2018［S］. 北京：中国计划出版社，2018.

2　国内外治涝水文计算方法简介

2.1　国内治涝水文计算现状

2.1.1　我国治涝水文计算主要方法

我国幅员辽阔，地形地势、水文气象、农业生产及经济社会发展等方面差异很大，治涝经验和习惯也各不相同。南北方、东西部地区及同一省市不同地市间的治涝水文计算习惯、经验和方法不尽相同，但总体上有一定的规律。根据收集到的我国重点易涝平原区 20 个省的治涝水文计算方法[1-2]，按排水方式可分为自排和抽排两大类（见表 2.1-1），分述如下。

（1）自排方式。

自排流量（或模数）计算方法有平均排除法、排涝模数经验公式法、单位线法、水量平衡法和河网水力学模型法等。各种方法的适用条件不同；同一个省内不同的涝区所采用的计算方法也不尽相同。吉林等 14 个省（自治区、直辖市）采用平均排除法，多用于面积较小的排水区。安徽、河南等 12 个省（直辖市）采用排涝模数经验公式法，该方法在淮河流域及海河流域坡水区平原应用得比较广泛。山东、江苏等 8 个省（自治区）部分平原地区采用单位线法。江苏、浙江等 7 个省滨湖地区涝区内有较多的调蓄湖泊及河道，多采用水量平衡法和河网水力学模型法（如一维非恒定流水力学模型等）。

黑龙江省采用的方法是平均排除法，但对与面积和净雨深有关的系数进行了调整，其公式如下：

$$M = \psi \eta \frac{R}{86.4T} \tag{2.1-1}$$

式中：M 为排涝模数；R 为净雨深；T 为排水天数；ψ、η 分别为与汇水区面积 F 和净雨深 R 有关的槽蓄、迟缓系数，并建立了 $(\psi \cdot \eta)$-R-F 的关系图。

在双对数坐标图上，以 R 为参数的 $\psi \eta$ 与 F 的关系线在不同区间大致为直线。若该关系可以用式（2.1-2）表达：

$$\psi \eta = a R^s F^n \tag{2.1-2}$$

14

式中：S 为净雨指数；n 为面积指数。

则式（2.1-1）与经验排涝模数公式形式一致。因此式（2.1-1）实际上相当于是排涝模数经验公式的变异形式。

（2）抽排方式。

抽排流量（或模数）计算方法有平均排除法、水量平衡法、河网水力学模型法、单位线法等。其中 20 个省（自治区、直辖市）均采用了平均排除法，用于洼地平原、沿江沿河圩区抽排流量计算；采用水量平衡法的有 9 个省（自治区），主要用于有较大蓄涝水面（河、湖、洼、塘）；采用河网水力学模型法的有 5 个省（直辖市），主要用于水网地区和城市河道排水系统；采用单位线法的有 3 个省（自治区）（见表 2.1-1）。

表 2.1-1　　　　我国不同省份治涝水文计算方法统计表

行政区	自排					抽排			
	平均排除法	排涝模数经验公式法	单位线法	水量平衡法	河网水力学模型法	平均排除法	水量平衡法	河网水力学模型法	单位线法
黑龙江	√					√			
吉林	√					√			
辽宁	√	√				√			
河北		√							
北京	√	√			√			√	
天津		√				√			
陕西		√				√			
山西		√				√			
河南	√	√				√			
山东	√	√	√			√			
安徽	√	√				√	√		
江苏	√	√	√	√	√	√	√	√	
浙江	√					√	√		√
江西	√	√				√		√	
湖北	√	√		√		√		√	
湖南				√		√			
广东	√		√	√	√	√	√	√	√
内蒙古	√					√			
广西	√		√	√		√	√		√
福建			√	√		√	√		

注　"√"表示采用这种方法，空格表示未采用这种方法。

2.1.2 治涝水文计算存在的问题

2.1.2.1 方法适用性问题

从全国重点平原洼地治涝水文计算方法调研情况看，平原区排涝流量计算总体上采用的方法是合适的，但也发现一些地区或涝区选择的计算方法不当。主要问题有：将不适用于平原区的排涝流量计算方法用来计算排涝流量；没有针对不同类型的洼地特点、排水方式选择合适的计算方法等。选用的排涝流量计算方法不当，可能会造成排涝流量很大的误差。

（1）使用了不适用于平原区的排涝流量计算方法。

据调查，某些地区采用了推理公式法计算排涝流量。因为推理公式法是建立在流域汇流时间 τ 内降雨强度、径流系数和汇流速度在时空上均匀分布、不考虑流域调蓄作用等假定的基础上的[3]，该方法由于不考虑流域的调蓄作用，并且计算的洪峰流量是瞬时洪峰流量，其假定符合山丘区流域坡降及河道坡降大、汇流速度大、流域汇流时间短、流域调蓄作用小的情况，因此，推理公式可用于山丘区小流域设计洪水计算。而平原地区由于流域坡降小、汇流速度慢、汇流时间长、流域调蓄作用大，推理公式的假定不符合平原地区涝水汇流的情况，因此该方法不适用于平原河流[4]和水网区排涝流量计算。

采用推理公式法计算的流量往往比其他方法计算的结果大很多，甚至是数量级的差别。例如西南某省相邻两县市的 A 涝区和 B 涝区，气象条件和下垫面条件均相似，两地降雨和产流条件相近，A 涝区面积为 2.5km^2，B 涝区各分区面积为 $1\sim4\text{km}^2$，由于 A 涝区采用的是平均排除法，5 年一遇自排模数为 $0.72\text{m}^3/(\text{s}\cdot\text{km}^2)$；B 涝区采用的是推理公式法，5 年一遇自排模数为 $5\sim10\text{m}^3/(\text{s}\cdot\text{km}^2)$。由此可见，由于两地采用的排涝模数计算方法不同，两地的排涝模数存在数量级的差异。

（2）没有根据不同涝区的特点选用合适的方法。

平原地区的排涝流量计算方法多种多样，不同的方法其适用条件不同。若选用方法不当同样会导致计算成果不合理的问题。如面积较大的坡水区宜采用排涝模数经验公式法计算，而不宜采用平均排除法计算。根据一般规律，同一场次涝水，排涝模数通常是随面积的增大而减小。平均排除法则没有考虑不同面积汇流对排涝模数的影响，只适用于较小面积涝区排涝流量计算。以图 1.4-1为例，排涝模数经验公式法计算的模数与平均排除法计算的模数差异很大。其中面积较小时（小于排涝模数经验公式法适用面积），排涝模数经验公式法计算成果大于平均排除法；当面积较大时，平均排除法计算成果又明显大于排涝模数经验公式法计算成果。据了解，有些地区坡水区的自排模数，不管面积大小均采用平均排除法计算，小面积排涝流量计算成果偏小，大面积流量计算成果偏大，造成小面积涝区排涝规模偏小达不到设计标准，大面积涝区排涝规模过大导致不必要的浪费。

有一些地区抽排流量采用排涝模数经验公式法、单位线法等方法计算。排涝模数经验公式法和单位线法计算的流量是峰值流量。按峰值流量设计泵站规模，则在涝水出现峰值流量时段时可满负荷运行，其他时段由于涝水来水量小于峰值流量，装机闲置造成浪费。一般情况下，平均排除法计算抽排流量，能够满足在一定时段内将涝水排至一定程度的治涝要求。因此，抽排流量一般可采用平均排除法计算，而不宜采用排涝模数经验公式法和单位线法计算。

（3）没有根据保护对象选择恰当的计算方法。

有些地区的城区排涝流量计算采用了排涝模数经验公式计算。各省区的排涝模数经验公式的有关参数基本都是按农区排涝要求的。农区的保护对象主要是农作物，农作物一般可以耐淹 1~3d，涝水在面上缓排一定时间不致造成明显损失。因此，从经济合理的角度出发，各省的排涝模数经验公式中设计排涝流量大多采用 24h 平均流量，一般不采用瞬时峰值流量或短时段（如 1h 等）平均峰值流量。对于城区而言，由于保护对象的重要性，一般不允许受淹，因此在设计标准内形成的涝水过程，其涝水位一般不应高出设计涝水位，也就是说相应设计流量需要采用瞬时或短时段平均峰值流量。众所周知，同一次洪水过程，或同一标准的流量，瞬时峰值流量大于时段平均峰值流量，时段越长，其平均流量越小。城区排涝流量若选择采用排涝模数经验公式计算，则会造成设计流量偏小，达不到设计标准。由于城区排水管网密布，面上汇流快，基本不考虑面上滞蓄，因此一般采用推理公式法或单位线等法计算。

2.1.2.2 参数选用问题

（1）不当借用排涝模数经验公式。

据了解，有些省的一些涝区需计算河道的自排流量，但本地区没有分析过排涝模数经验公式参数，就借用其他地区或其他省的经验公式计算。这样做有可能造成设计排涝流量较大误差。因为，相同区域的平原涝区，因其地形地质等下垫面条件总体相似，形成的河道及其汇流特性有其相似性，采用本地区实测水文资料率定参数在同一区域有相似的规律，参数经地区综合后可适用于该地区。但对于不同的平原区域，因其下垫面条件各不相同，其流域汇流特性有所差别，地区综合的排涝模数经验公式参数也有所差异。如山东省鲁北平原排涝模数经验公式中的参数 k 取 0.017，而山东省鲁西南的南四湖湖西平原区参数 k 取 0.031，其他参数相同。若南四湖湖西平原采用鲁北平原的经验公式参数计算排涝流量，其成果会偏小 45%；反之，若鲁北排涝流量采用南四湖湖西平原经验公式参数计算，则排涝流量会偏大 82%。前述两种情景下的成果相差均很大。因此，原则上不宜随意借用其他涝区的经验公式及参数。即使借用，也应进行下垫面条件相似性论证，并采用实测资料验证公式及参数的适用性。

（2）参数不适应变化了的下垫面情况。

据了解，有些流域或省份对平原排涝计算方法参数根据近期增加的资料进行了复核，但也有相当一部分省份仍然使用较早时期率定的参数成果。

随着经济社会的发展，治涝标准要求越来越高，不少排涝河道的排水能力有较大的提高，面上配套的干支沟排水工程不断完善，区域涝水的汇流特性有可能发生较明显的变化。若仍采用原有参数计算排涝流量，则所计算的设计排涝流量可能产生明显的偏差。

例如，河北省一般平原区，原排涝模数经验公式参数为 $k = 0.04$、$m = 0.92$、$n = 0.33$。采用近期资料复核后，公式参数改变为 $k = 0.022$、$m = 0.92$、$n = 0.2$。河北省某涝区集水面积为 517km^2，5 年一遇设计净雨 45.5mm，按原参数计算设计排涝流量仅 $88.2 \text{m}^3/\text{s}$。若按复核后的参数计算设计排涝流量为 $109 \text{m}^3/\text{s}$，即下垫面改变导致排涝流量增大 23.6%。若按原参数计算设计排涝流量显然偏小，达不到排涝标准要求。

因此，当区域下垫面情况发生较大变化后，应当根据下垫面变化后的实测水文资料，对原来的计算参数进行复核修订。

2.2　国外治涝水文计算的主要方法

2.2.1　常规方法

国外设计排涝流量计算方法大体与国内类似，有经验公式法、水量平衡法、单位线法和实测流量法等类型，但公式形式和计算方法与国内有所不同，下面作简要介绍。

（1）经验公式法。

在国外，治涝水文计算采用经验公式计算的情况也较为普遍。欧美各国常采用的公式[5]形式有

$$q = \frac{X}{F} + Y \qquad (2.2 - 1)$$

$$q = \frac{X}{Y\sqrt{F}} \qquad (2.2 - 2)$$

$$q = \frac{X}{F + Y} + Z \qquad (2.2 - 3)$$

式中：q 为排涝模数；F 为流域面积；X、Y、Z 为与区域有关的参数。

根据以上公式形式，不同的研究者给出了不同地区的公式。例如埃利奥特（G. G. Elliot）给出了美国密西西比河的排涝模数公式：

$$q = \frac{20}{\sqrt{F}} + 3.63 \qquad (2.2-4)$$

苏联常采用的排涝模数经验公式为

$$q = \frac{A_p}{F^n} \qquad (2.2-5)$$

$$q = \frac{A_p}{(F+C)^n} \qquad (2.2-6)$$

$$q = \frac{A_p}{(F+C)^n} + B \qquad (2.2-7)$$

式中：A_p 为与频率有关的参数；F 为流域面积；n、C、B 为公式参数。

苏联 A. H. 考斯加可夫院士的排涝模数经验公式[6]：

$$q = 0.28 \frac{\sigma P}{t} \frac{K}{\sqrt[x]{F}} \qquad (2.2-8)$$

式中：P 为一定频率的一次降雨量；σ 为径流系数；t 为降雨历时；F 为排水面积；K 为系数，其平均值为 2.0；x 为指数，与排水设备、地面坡度、地貌情况等因素有关。

苏联沃斯克列森斯基给出了用于西伯利亚地区的排涝模数经验公式为

$$q = \frac{A_p}{(F+10)^{0.25}} \quad \text{或} \quad q = \frac{KR}{(F+10)^{0.25}} \qquad (2.2-9)$$

式中：R 为设计径流深，K 为系数。

国外的排涝模数经验公式与国内的经验公式十分类似，A_p 是可反映不同频率降雨量或径流深的一个因子。除式（2.2-8）采用降水历时、径流深与面积 3 个因子外，其余公式均考虑径流深与面积 2 个因子，参考我国排涝模数经验公式，大致可以归纳为如下形式：

$$q = kR^m (F+c)^n + d \qquad (2.2-10)$$

式中：k、m、n、c、d 为参数。

当式（2.2-10）中的 $c=0$、$d=0$ 时，即与国内的排涝模数经验公式形式相同。

（2）水量平衡法。

对于湿润的平原区而言，水量平衡法是一种简单近似方法，公式如下：

$$R - E - P = W + C + F \qquad (2.2-11)$$

式中：R 为降雨量；E 为蒸发量；P 为泵站排水量；W 为土壤蓄水；C 为河道蓄水；F 为地区以洪水形式排出的水量。

该公式主要用于有一定蓄水水面的低洼地区，具有一定自排条件，结合抽排的情况。当 C 不大时，与国内用于水田的平均排除法类似，当 C 较大时，通过逐时段水量平衡计算时与国内水量平衡法类似。

（3）实测流量资料统计法。

在下垫面条件一致的前提下，即水文条件和土地利用未发生变化，如果有至少 15～20 年的实测流量资料，可以用统计分析的方法确定控制断面的设计流量。国外有些排水河道标准比较高，人类影响小，且具有较长的水文资料时，采用实测流量法是可行的。但在国内，由于绝大多数河道排涝标准较低，实测水文资料受人类活动影响大，且资料较少，因此一般不采用此方法计算设计排涝流量。

（4）单位线法。

有些国家对于 100～500km² 的农业耕作区，如果没有长系列的实测流量资料，则根据降雨资料和单位线法计算不同降雨历时对应的流量过程线，并以此确定河道排河流量。

2.2.2　模型法

随着计算机技术的发展，模型法在国外运用较为广泛[7]。其中与平原水文有关的模型主要有 MIKE、SHE、SWMM、FEQ、ANSWERS 等，这些模型在我国城市排水、水网地区排水规划中的运用也越来越多。

（1）MIKE11 模型。

MIKE 模型是丹麦水资源及环境研究所（DHI）开发研制的大型水利计算和环境分析综合性模型。软件的功能涉及流域产汇流计算，河流、河口、海洋的一维、二维和三维水动力学计算，以及水环境和生态系统有关问题的计算等。其中的一维河网水动力学模型[8] MIKE11 主要用于河流、河口、灌溉系统和其他陆地水域的水文学、水力学、水质和泥沙传输模拟，在洪水预报、水资源水量水质管理、水利工程规划设计等方面均得到广泛应用，同样也适用于平原及河网地区排涝水文计算。该模型在我国水动力学计算方面的应用最为广泛。

（2）SHE（MIKE SHE）模型。

SHE（System Hydrological European）是 1982 年由丹麦水资源及环境研究所（DHI）、英国水文研究所和法国 SOGREAH 咨询公司联合研制的三维分布式物理模型[9]，考虑了流域上的截留、下渗、土壤蓄水量、蒸散发、融雪径流、地表径流、壤中流、地下径流、含水层与河道水交换等水文过程等。其中截留和蒸散发模块可选择 Rutter 模型和 Penman - Monteith 方程，或者 Kristensen - Jensen 模型；地表径流采用圣维南方程组二维扩散波模型，计算水平方向的二维流动；河道内采用一维圣维南方程组；土壤水模块考虑了重力、土壤水吸力、蒸散发的影响，采用了带源汇项的一维的 Richards 方程，研究垂直方向的蒸散发、补给和渗流问题。该模型大多数参数具有物理意义，可由流域特征确定。模型可用于水资源的管理如供水、流域规划、灌溉与排水、气候变化与土地利用改变后的水文响应，也可用于环境规划如工农业污染物迁移、土壤侵蚀、湿地生态保护等，在欧洲和其他地区得到了应用和验证。鉴于 SHE 在产流等方面的优势，DHI 将其融合到 MIKE 模型中，形成了 MIKE - SHE 模型。

（3）SWMM 模型。

SWMM（Storm Water Management Model）[10-11]是由美国国家环境保护局（Environmental Protection Agency，EPA）开发的一个动态的降水-径流模拟模型，也称作暴雨洪水管理模型，主要用于模拟城市排水和水质模拟。模型对雨水管网、合流制管网、自然排放系统都可以进行水量和水质的模拟，包括地面径流、排水管网输送、贮水处理及受纳水体的影响等。SWMM 不仅数据输入时间间隔可以是任意的，输出的结果也可以是任意的整数步长，对于计算区域的面积大小和土地类型也没有限制，不但可以对单个降雨事件模拟，而且可以对连续降雨模拟，是一个通用性很好的模型，在世界各国广泛应用于城市地区的暴雨洪水、合流式下水道、排污管道以及其他排水系统的规划、分析和设计中，在其他非城市区域也有广泛的应用。在我国也有不少城城市排水规划和研究使用该模型。

（4）FEQ 模型。

FEQ（Full Equational Model）是美国地质调查局（United States Geo-logical Survey，USGS）开发的用于求解明渠一维非恒定流的完整水动力学模型[12]，可以用来模拟计算平原区的水流各种动力学演进过程，包括各类复杂的河渠系统、各类控制建筑物（如水库、堰闸、涵洞、泵站）以及路面和坡面漫流等。该模型同样也适用于平原和水网地区的水利计算。

思 考 题

1. 我国主要治涝水文计算方法有哪几类？用得较广的有哪几种？
2. 为什么推理公式法不能用于一般平原区排涝流量计算？
3. 计算排涝流量时可能会犯哪几类错误？
4. 国外治涝水文计算方法有哪几类？

参 考 文 献

［1］ 费永法，王德智，李臻，等．我国不同地区治涝水文计算方法分析评价报告——水

利部公益性行业科研专项，治涝标准及关键技术研究专题二［R］.中水淮河规划设计研究有限公司等，2015.

［2］ 水利部水利水电规划设计总院，中水淮河规划设计研究有限公司，黑龙江省水利水电勘测设计研究院.治涝标准关键技术研究［M］.北京：中国水利水电出版社，2019.

［3］ 王协康，易立群，方铎.山区河流水文特性初步研究［J］.四川水力发电，1999，18（2）.

［4］ 王国安，贺顺得，李荣容，等.论推理公式的基本原理和适用条件［J］.人民黄河，2010，32（12）.

［5］ Б.Г.格伊特曼，等.农田排水［M］.北京：水利电力出版社，1958.

［6］ 雷声隆，丘传忻，郭宗楼.排涝工程［M］.武汉：湖北科学技术出版社，2000.

［7］ 吴险峰，刘昌明.流域水文模型研究的若干进展［J］.地理科学进展，2002，21（4）.

［8］ Danish Hydraulic Institute（DHI）. MIKE11, A Modelling System for Rivers and Channels Reference Manual［R］. 2002.

［9］ 何长高，董增川，陈卫英.流域水文模型研究综述［J］.江西水利科技，2008，34（1）.

［10］ Huber W, et al. Storm Water Management Model User's Manual, Version4 Project Summary［R］. U. S. Environmental Protection Agency，1988.

［11］ 董欣，陈吉宁，赵冬泉. SWMM模型在城市排水系统规划中的应用［J］.给水排水，2006，32（5）.

［12］ United States Geological Survey（USGS）. Full Equation Model（FEQ），Reference Manual［R］. 1999.

3 农区常规治涝水文计算

对于有实测流量资料的河道，设计排涝流量原则上应根据实测流量资料分析确定。事实上，对于平原排水河道来说，需要治理的排水河道多，但河道实测流量资料较少；即使部分河道有实测流量资料，由于受河道治理、建闸控制等影响，流量的一致性处理也比较困难；另外相同流域、相同暴雨情况下，若治理后河道排水标准明显提高，由于涝水归槽，流量过程线峰值会明显增大。因此，用治理前的实测流量资料频率分析计算的设计排涝流量很可能偏小。

鉴于上述原因，在平原治涝水文计算中，通常采用设计暴雨间接计算，一般有设计暴雨计算、产流计算和排涝模数（或流量）计算等环节。

3.1 设计暴雨

3.1.1 设计暴雨时段长

设计暴雨是治涝水文计算的主要任务之一。根据《治涝标准》[1]，设计暴雨时段长一般采用 24h（或 1~3d），应根据不同保护对象、涝区大小、计算方法等要求合理选取。一般面积较小（如 50km² 以下）的涝区及以经济作物为主的涝区取 24h 设计暴雨，水田为主的涝区一般取 2~3d 设计暴雨。淮北平原坡水区排涝模数经验公式法选取 3d 设计暴雨等。对于有较大湖泊洼地调蓄涝水的涝区，根据湖泊洼地的调节能力确定设计暴雨时段长。如江西鄱阳湖滨湖涝区采用 7d 设计暴雨，湖南洞庭湖滨湖涝区采用 15d 设计暴雨。

3.1.2 设计暴雨计算

设计暴雨计算常用的方法有 3 种：实测暴雨系列计算法、设计暴雨量-重现期-面积关系图（表）查算法和暴雨等值线图查算法。对于涝区面积较大，治涝工程规模较大，具有实测暴雨资料，且暴雨系列长度和代表性满足规范要求的情况，宜采用实测暴雨资料计算设计暴雨；对于气候条件一致的众多涝区，为计算方便，可采用事先分析计算的设计暴雨量-重现期-面积关系图（表）进行查算；对于暴雨资料缺乏或面积相对较小的涝区，可查暴雨等值线图进行计算。

(1) 实测暴雨系列计算法。

采用实测暴雨计算设计暴雨，应符合设计洪水计算规范[2]的有关规定。实测暴雨系列长度应大于 30 年，不足 30 年时应借用邻近站点暴雨资料插补延长。暴雨频率曲线线形分布采用皮尔逊Ⅲ型分布（简称 P-Ⅲ型分布）。

【例 3-1】 汾泉河沈丘水文站以上流域面积 3094km²，根据不同年代雨量站分布，选取 7~10 个雨量站实测雨量资料，计算 1951—2005 年 54 年的面平均年最大 24h 和 3d 暴雨系列。均值采用算术平均法计算，C_s 按经验选取 3.5C_v，C_v 按目估适线确定。设计暴雨频率分析结果见图 3.1-1。由图可知，沈丘水文站以上年最大 24h 暴雨均值 90.5mm，$C_v=0.50$，5 年一遇（频率为 20%）、10 年一遇（频率为 10%）设计暴雨量分别为 119.9mm 和 150.2mm。年最大 3d 暴雨均值 118.1mm，$C_v=0.47$，5 年一遇、10 年一遇设计暴雨量分别为 155.2mm 和 191.7mm。

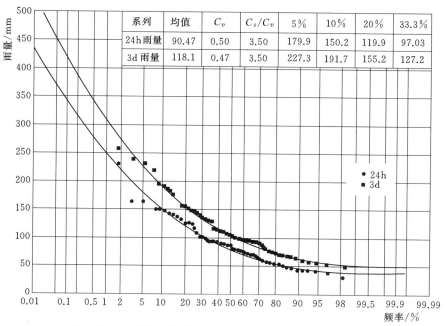

系列	均值	C_v	C_s/C_v	5%	10%	20%	33.3%
24h 雨量	90.47	0.50	3.50	179.9	150.2	119.9	97.03
3d 雨量	118.1	0.47	3.50	227.3	191.7	155.2	127.2

图 3.1-1　汾泉河沈丘以上年最大 24h、3d 雨量频率曲线

(2) 设计暴雨量-重现期-面积关系图（表）查算法。

若某一平原区范围较大，涝区治理片区多，每个涝区用实测暴雨资料不足，即使有足够资料，但计算十分烦琐。为了便于推广运用，在气候一致的平原区内，可事先计算不同面积涝区不同重现期的设计暴雨，然后建立涝区面积-重现期-设计暴雨量关系表或图。具体计算步骤是：

1）在气候一致区内，选取能建立设计暴雨量-重现期-面积关系图要求大小不同面积的代表性涝区。

2）根据各代表性涝区地理位置及面积大小，选取一定数量的雨量代表站，计算历年设计时段最大雨量系列，时段长度根据各地治涝要求确定，如淮北平原区用得最多的是 3d。

3）代表性涝区暴雨频率分析。对各代表性涝区的暴雨频率曲线参数进行面上的合理检查，合理确定各代表涝区暴雨频率曲线参数及设计值。

4）根据各代表涝区面积和不同重现期的设计暴雨，点绘面积-重现期-设计暴雨量关系图，并在相同重现期不同面积的设计暴雨点群中心绘制光滑曲线。不同重现期曲线不能相交，相互之间趋势应合理，如图 3.1-2 所示。

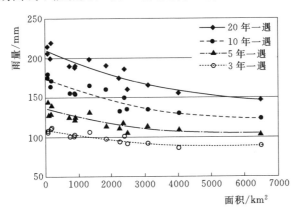

图 3.1-2　某涝区年最大 3d 暴雨-重现期-面积关系图

在具体运用时，可根据各设计涝区的面积和设计重现期，从关系表中插值计算得到设计暴雨量，或从图中查得设计暴雨量。

（3）暴雨等值线图查算法。

1）点暴雨计算。

各省水利部门颁布的暴雨洪水图集或水文手册中均编制了不同时段长点暴雨统计参数（均值、C_v）等值线图，一般规定 $C_s=3.5C_v$。应采用省水利主管部门最新颁布或认可的暴雨等值线图成果。根据暴雨等值线图，查涝区中心点的时段暴雨均值和 C_v 值，再计算出相应重现期 T 的设计暴雨量。

$$H_p=\overline{H}(1+\phi_p C_v) \tag{3.1-1}$$

式中：H_p 为时段设计暴雨量；p 为频率；$\overline{H}$ 为时段暴雨均值；ϕ_p 为与 C_s、p 有关的离均系数，可从省水文手册、暴雨洪水图集及有关参考书[3]中查得，也可用利用 Excel 表的伽玛累积分布函数的反函数 GAMMAINV 计算。其原理和方法如下：

a. 标准伽玛函数及反函数计算。

标准伽玛函数形式如下:

$$P'(t \leqslant t_p) = \frac{1}{\Gamma(\alpha)} \int_0^{t_p} t^{\alpha-1} e^{-t} \, \mathrm{d}t \tag{3.1-2}$$

式中:P' 为事件 $t \leqslant t_p$ 的概率;α 为参数。

式(3.1-2)中,若已知 α、P',需要求 t_p,即为伽玛函数的反函数计算。伽玛函数的反函数没有解析表达式,但可以采用精度足够高的级数形式近似计算。Excel 电子表格中集成的 GAMMAINV(P',α,b) 函数,当其中的参数 $b=1$ 时,即为式(3.1-2)的反函数:

$$t_p = \text{GAMMAINV}(P', \alpha, 1) \tag{3.1-3}$$

b. 皮尔逊Ⅲ型概率分布参数与统计特征的关系。

皮尔逊Ⅲ型概率分布函数的一般形式为

$$P(x \geqslant x_p) = \frac{\beta^\alpha}{\Gamma(\alpha)} \int_{x_p}^{\infty} (x-b)^{\alpha-1} e^{-\beta(x-b)} \, \mathrm{d}x \tag{3.1-4}$$

式中:P 为事件 $x \geqslant x_p$ 的概率,α、β、b 为参数。

根据统计分析[4],参数 α、β、b 与统计特性均值 $\overline{X}$、离差系数 C_v 和偏态系数 C_s 有如下关系:

$$\alpha = \frac{4}{C_s^2} \tag{3.1-5}$$

$$\beta = \frac{2}{\overline{X} C_v C_s} \tag{3.1-6}$$

$$b = \overline{X} \left(1 - \frac{2C_v}{C_s}\right) \tag{3.1-7}$$

根据离差系数的定义,C_v 是均方差与均值的比值,即

$$C_v = \frac{S}{\overline{X}} \tag{3.1-8}$$

c. 皮尔逊Ⅲ型概率分布与标准伽玛分布的关系。

令 $t = \beta(x-b)$ 代入式(3.1-4),可得

$$P(t \geqslant t_p) = \frac{1}{\Gamma(\alpha)} \int_{t_p}^{\infty} t^{\alpha-1} e^{-t} \, \mathrm{d}t \tag{3.1-9}$$

式(3.1-9)即为标准伽玛分布函数形式。不过其计算的是 (t_p, ∞) 的概率,称超过概率。

当 $t_p = 0$ 时, $\qquad P(t \geqslant t_p) = 1$

d. 离均系数计算表达式。

根据 c. 可知:

$$t_p = \beta(x_p - b) \tag{3.1-10}$$

由式（3.1-10）及式（3.1-5）～式（3.1-8）得

$$x_p = \frac{t_p}{\beta} + b = \frac{SC_s}{2}t_p + \overline{X} - \frac{2S}{C_s} \qquad (3.1-11)$$

式（3.1-11）经整理得

$$\frac{X_p - \overline{X}}{S} = \frac{C_s}{2}t_p - \frac{2}{C_s} \qquad (3.1-12)$$

式（3.1-12）等式左边即为离均系数 ϕ_p 的表达式，因此得

$$\phi_p = \frac{C_s}{2}t_p - \frac{2}{C_s} \qquad (3.1-13)$$

由式（3.1-2）和式（3.1-9）可知：$P' + p = 1$，即 $P' = 1 - p$，代入式（3.1-3）得

$$t_p = \mathrm{GAMMAINV}(1-p, \alpha, 1) \qquad (3.1-14)$$

根据式（3.1-14），使用 Excel 电子表格提供的 GAMMAINV 函数计算出 t_p，再代入式（3.1-13）就可以计算出 ϕ 值。

2）面暴雨计算。

根据暴雨点面分布特点，同一地区相同时段点最大暴雨量比平均时段最大暴雨量大，且随着面积增大，点暴雨量与面暴雨量的差异也越来越大。不同时段暴雨的点面关系也不同，时段越短，点面暴雨量差异越大；反之，点面暴雨量差异相对要小些。各地暴雨分布特性不同，点暴雨代表的面积大小也有所不同。平原地区一般点暴雨可代表 50～100km² 面暴雨量。如淮北平原地区，24h、3d 的点暴雨量与面积为 100km² 的暴雨量相差较小，一般相差在 5% 以内。当涝区面积较小，点暴雨量和面平均暴雨量差别不大时，可用点设计暴雨量代替面平均设计暴雨量。当面积较大、点暴雨与面暴雨量差异明显时，需要通过点面折算关系由设计点暴雨量转换为面暴雨量，见式（3.1-15）：

$$P = kP_0 \qquad (3.1-15)$$

式中：P 为涝区面设计暴雨量；P_0 为涝区中心点设计暴雨量；k 为面设计暴雨量与点设计暴雨量的比值，称作点面折算系数。

各省暴雨洪水图集或水文手册中均编制了不同时段暴雨点面折算系数表或图可供查阅。图 3.1-3 为河南省淮北地区暴雨点面折算系数与面积的关系图。

【例 3-2】 河南省某涝区面积 350km²，经查流域中心点 24h 最大暴雨均值为 105mm，查相应 C_v 等值线图得 $C_v = 0.55$，则可算得该涝区 5 年一遇、10 年一遇 24h 设计点暴雨量分别为 140.9mm 和 180.6mm。查 24h 暴雨点面折算系数关系图得 $k = 0.84$，则算得该涝区 5 年一遇、10 年一遇 24h 设计面暴雨量分别为 118.4mm 和 151.7mm。

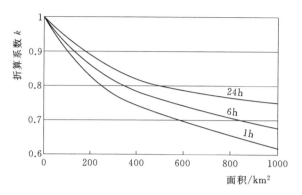

图 3.1-3　河南省淮北地区暴雨点面折算系数与面积关系图

3.2　产流计算

雨水降落到地面，经下垫面吸收、下渗、填洼、截留滞蓄等作用，往往只有部分降水量形成径流量或净雨量。计算净雨量的过程称作产流计算。不同省份根据经验和习惯编制了不同的产流计算方法。平原治涝水文计算中，使用比较多的方法有降雨径流关系法、扣损法、径流系数法三类。各种方法有不同的适用条件，如一般旱地与水田、水面产流特性不同，农区与城市硬化的不透水区域产流特性不同等。计算时应根据地形地类等情况采取合适的方法分区进行计算。

3.2.1　降雨径流关系法

（1）降雨径流关系。

采用降雨径流关系计算径流深（也称作净雨深）是最为常用的一种方法。大多数省份编制的暴雨洪水图集中或水文手册中均有分区降雨径流关系可供查用。在平原地区，降雨径流关系法通常用于旱地（包括耕地和非耕地）为主的涝区产流计算，也可用于城区绿地等透水面积的产流计算，不适用水田为主和大面积硬化地面的城区。

根据蓄满产流原理建立的降雨径流关系一般形式如下：

$$R = f(P + P_a) \qquad (3.2-1)$$

式中：R 为次径流深（或称作净雨深）；$P + P_a$ 是次降雨量 P 和前期影响雨量 P_a 之和。降雨径流关系如图 3.2-1 所示。

建立降雨径流关系时，原则上要求实测资料具有代表性和一致性。平原地区因水力坡度较小，径流过程和径流量易受人为因素影响。对于中小水，闸坝拦蓄影响因素作用较明显，对于大水，受湖洼蓄水较明显。因此不能随意选取实测水文资料分析降雨径流关系。通常尽可能选取闸坝、蓄水湖泊洼地较少的水文站实测资料，选择具有一致性的水文资料进行分析。若一致性有明显影响时则需要进行一致性处理。

（2）设计前期影响雨量 P_a。

前期影响雨量 P_a 是反映下垫面包气带土壤含水量程度的一个指标。根据蓄满产流理论，当前期影响雨量 P_a 达到最大值 I_m 时，即流域下垫面包气带已全部蓄满，降雨则全部形成径流。P_a 值由间接方法[5]计算：

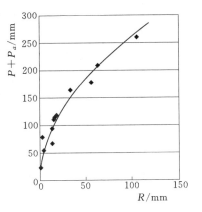

图 3.2-1　某流域次降雨径流关系曲线

当 $K(P_{a,t}+P_t-R_t) \leqslant I_m$ 时，$P_{a,t+1}=K(P_{a,t}+P_t-R_t)$　　　　（3.2-2）

当 $K(P_{a,t}+P_t-R_t) > I_m$ 时，$P_{a,t+1}=I_m$　　　　（3.2-3）

式中：$P_{a,t}$、$P_{a,t+1}$ 分别为第 t 日和 $t+1$ 日的前期影响雨量，mm；P_t 为第 t 日降雨量，mm；R_t 为第 t 日降雨产生的径流量，mm；K 为前期影响雨量消退系数；I_m 为流域最大损失量，mm，即前期影响雨量最大值。

参数 K 和 I_m 在降雨径流关系方案中可查到。大部分省的暴雨洪水图集或水文手册中可查阅到降雨径流关系方案。

根据设计降雨量查降雨径流关系求设计净雨时，还需要知道设计前期影响雨量（或简称设计 P_a）。由于设计暴雨的前期降雨过程是未知的，通常是根据历史降雨资料进行分析计算后综合确定不同重现期暴雨相应的设计 P_a 值。设计 P_a 值的分析确定思路如下：

1）根据不同地区选取一定数量的典型流域。计算各典型流域面平均雨量过程，分别统计历年时段（如淮北平原区治涝水文常用 3d）年最大实测暴雨系列及相应降雨起始日期。

2）按式（3.2-2）和式（3.2-3）计算典型流域历年相应时段最大暴雨的前期雨量 P_a，得到各站时段降雨量 P 和 $P+P_a$ 两个系列。计算 P_a 一般从时段最大降水量起始日期倒推 20~30d 开始，计算至时段最大降水量降水起始日。主要是由于前期影响雨量消退系数 $K<1$，经过折减后，20~30d 以前的降雨量对当前日期的 P_a 影响很小。

3）分别对各站 P、$P+P_a$ 进行频率分析，再计算各重现期 P 和 $P+P_a$ 之间的差，即为各站不同重现期对应的设计 P_a。各站计算的同一重现期的设

计 P_a 有所不同，经地区综合后确定相关区域的设计 P_a。一般设计暴雨重现期越长，相应的设计 P_a 越大。

大多数地区在编制治涝水文计算方法时，为便于推广和简化计算，分析制定了不同区域、不同频率的设计 P_a。如安徽省淮北平原区 3～5 年一遇设计 P_a 取 45mm，10～20 年一遇设计 P_a 取 55mm。有些省如黑龙江省等直接采用不同重现期设计 $P+P_a$ 值。前述两种方法各有优缺点。分别制定设计暴雨和设计 P_a 的优点是比较灵活，当某工程设计时可只延长暴雨系列，重新复核设计暴雨即可，或无资料地区可用暴雨等值线图或设计暴雨量-重现期-面积关系查得；缺点是分割设计 P 和设计 P_a 及概化不同地区某一重现期区间内的设计 P_a 会增加人为因素的干扰，产生一定误差。直接采用设计 $P+P_a$ 方法的优点是不需人为分割设计降雨量和设计 P_a，减少分别计算设计 P 和设计 P_a 引起的人为误差；缺点是当暴雨系列延长后，重新分析设计 $P+P_a$ 较分析设计暴雨 P 工作量大，增加推广使用难度。

（3）产流计算。

根据不同重现期设计暴雨 P 加上相应的设计 P_a，查降雨径流关系得到设计径流深 R。

【例 3-3】 汾泉河沈丘站以上 5 年一遇和 10 年一遇 3d 设计暴雨分别为 155.2mm 和 191.7mm，设计前期雨量（P_a）分别为 45mm 和 55mm，则 5 年一遇和 10 年一遇 3d 暴雨的 $P+P_a$ 分别是 200.2mm 和 246.7mm，查汾泉河流域降雨径流关系（见图 3.2-2），得 5 年一遇和 10 年一遇 3d 径流深分别为 87.8mm 和 131.7mm。

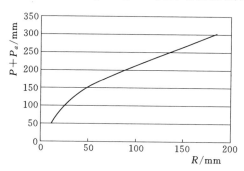

图 3.2-2　汾泉河沈丘站降雨径流关系线

3.2.2 扣损法

常用的扣损法有初损后损法和直接扣损法两类。

（1）初损后损法。

初损后损法基本原理[5]85是把降雨入渗土壤的过程概化成初损和后损两个阶段。初损量是指从降雨开始到开始产流阶段的损失量（用 I_0 表示），包括植物截留、填洼损失及土壤入渗量等，降雨量只有大于初损量 I_0 后才可能产流。后损是指降水满足初损后，一部分降水量入渗到土壤中作为径流的损失量。当时段降水量大于时段入渗量时，则产生径流。在有些地区，降雨入渗到土壤中的强度随土壤含水量增加而逐渐变小，并趋于稳定。为简化计算，在满足初损后的降雨入渗到土壤中的强度按平均入渗强度 f_c 计算，逐时段计算损失量，各时段损失量不超过降雨量。降雨量扣除初损和后损量，即为产流量，如图 3.2-3 所示。初损后损法比较适用于具有超渗产流特点的下垫面条件[6]。

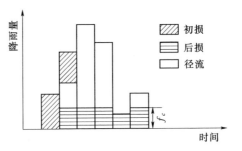

图 3.2-3 初损后损法产流示意图

【例 3-4】 某涝区 5 年一遇 24h 降水量过程见表 3.2-1。根据该地区产流计算方法，采用初损后损法计算，其中初损值取 36mm，后损强度 2mm/h。求 5 年一遇设计净雨量。

根据初损后损法计算规则，当时段累积降水量大于初损量时开始产流，产流量等于积累降水量扣除初损量；之后时段降水量扣除后损量，若降水量小于后损量，则降水量全部损失；若降水量大于后损量，降水量与后损量的差值即为净雨量。计算结果 5 年一遇设计净雨量为 50mm，详见表 3.2-1。

表 3.2-1 初损后损法产流计算表

时段序号 $\Delta t = 6h$	P /mm	初损量 /mm	后损强度 /(mm/h)	后损量 /mm	净雨量 /mm
1	8	8			0
2	35	28	2	7	0
3	56		2	12	44
4	18		2	12	6
合计	117	36		31	50

（2）直接扣损法。

直接扣损法基本思想就是降水量扣除各类损失即得到径流量。常用于水田、水面、不透水面积上的产流计算。如水田产流计算公式：

$$R = P - h - (e + f)t \tag{3.2-4}$$

式中：P 为降水量，mm；h 为水田允许滞蓄水深，mm，各地根据作物品种、种植习惯等取值有所不同，根据全国各省治涝规划，不同省份 h 的取值范围为 20~60mm，大多数省取值范围在 40~60mm 之间，总体南方省份取值大些、北方省份取值小些；e 为蒸发强度，mm/d；f 为水田稳定入渗率，mm/d，当田间水层深度为 10~40mm 时，黏土、壤土、沙壤土的 f 的参考值可分别取 1.0~1.5mm/d、2.5~3.0mm/d、4.0~4.5mm/d；t 为水田涝水排除时间，d。

当涝区有沟塘蓄水时，产流量还需要扣除沟塘蓄水量。沟塘蓄水量计算根据沟塘面积（或面积率）以及蓄水深计算。沟塘蓄水深原则上根据各沟塘的实际情况确定。根据某些省的做法，沟塘蓄水深一般按 0.25～1.0m 计。

3.2.3 径流系数法

径流系数即降雨产生的径流量与降雨量的比值。径流系数法是按水文相似原理分析总结不同类型下垫面的径流系数，移用到相类似的区域，不同的地区各不相同，一般根据经验取值。如旱地及其他非耕地径流系数：安徽沿江洼地取 0.6、广东省取 0.7、海南取 0.85。城镇不透水面积上的径流系数一般取 0.8～0.95。地面不平、填洼损失大的下垫面，其径流系数可取小些；地面相对平整的下垫面其径流系数可取大些；暴雨重现期大的径流系数可取大些，重现期小的径流系数可取小些。对于没有降雨径流关系图表或扣损法参数可借用时，可采用径流系数法进行计算。有些省的平原涝区也常采用径流系数法进行产流计算。这一方法相对其他方法而言精度要差一些，如旱地及非耕地径流系数与降雨量大小有较明显的关系。即使相同地类，因各地地形条件、下垫面组成等不同，采用的径流系数也不尽相同。

3.3 排涝流量计算

排涝流量计算是治涝水文计算关键内容。设计排涝流量主要与设计暴雨历时、强度和频率、排水区面积、保护对象耐淹程度、河网和湖泊的调蓄能力、排水沟网分布情况及排水沟底比降等因素有关。我国幅员辽阔，地形地势、水文气象、农业生产及经济社会发展等方面差异很大，南北方、东西部地区间及各省的排涝流量计算方法不尽相同。根据统计，我国目前常用的方法主要有排涝模数经验公式法、平均排除法、单位线法、水量平衡法等。下面就各种方法的适用条件及参数确定等分别进行说明。

3.3.1 排涝模数经验公式法

3.3.1.1 公式的原理和一般形式

排涝模数经验公式法起源于 20 世纪 50 年代淮河治涝规划[7]。淮河流域地处我国东部，南接长江流域、北临黄河流域，是我国南北气候过渡地带，降水量集中于汛期，年内、年际降水雨变化大，一次暴雨过程一般 1～5d，以 2～3d 居多。淮河流域 2/3 的面积是平原，淮北平原是我国重要的粮、棉、油生产基地，也是我国人类社会和经济活动的聚集区。由于河道比降较平缓，洪涝水排泄十分缓慢，极易造成洪涝灾害。1954 年、1956 年淮河相继发生了流域性特大洪涝灾害，亟须进行防洪治涝工程建设。当时没有适用于平原地区计算排涝流量的方法，且淮河流域平原河道多，治理工程面广量大，大多数河流缺乏实测水文资料，在进行平原排涝河道治理规划时，分析计算各河设计排涝流量是一件十分困难的工作，迫切需要一种简单实用的方法来计算排涝流量。

参与治淮工作的水文专家们，通过对平原坡水区不同水文站实测水文资料分析发现，最高水位在平槽或以下，即涝水不受顶托溢出河道且排泄顺畅的情况（通常称作畅排条件）下，单一场次降水形成的涝水流量峰值模数 M（峰值流量与集水面积的比值，简称作排涝模数）与涝水径流量（用净雨深 R 表达，$R=W/F$）关系点具有明显的规律性（见图 3.3-1），这种关系通常称作峰量关系，可用线性关系表达：

$$M=CR \tag{3.3-1a}$$

不同水文测站的峰量关系也有此特性。通过地区综合分析，峰量关系系数 C 与流域面积 F 关系密切（见图 3.3-2），可以用指数关系 $C=kF^n$ 表达，代入上式则排涝模数可用式（3.3-1b）表达：

$$M=kRF^n \tag{3.3-1b}$$

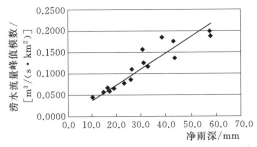

图 3.3-1　淮北某支流水文站峰量关系图　　图 3.3-2　峰量关系系数 C 与流域面积 F 关系示意图

在排涝规划时，按设计排涝标准治理后不再形成涝灾的要求，拟定河道设计排涝水位低于附近地面高程以下 0.3~0.5m。在此种情景下，面上涝水基本不受河道水位顶托，设计涝水流量能从河道较为顺畅排出。基于此思想，认为按设计排涝标准治理后的河道符合上述峰量关系的条件。因此运用上述排涝模数与净雨深、流域面积呈指数关系这一规律，可以解决相似平原涝区不同面积和不同治涝标准的设计排涝流量计算问题。为不失一般性，其公式通常用式（3.3-2）表达：

$$\left.\begin{array}{l} M=kR^mF^n \\ Q=MF \end{array}\right\} \tag{3.3-2}$$

式中：Q 为设计排涝流量，m^3/s；M 为排涝模数，$m^3/(s \cdot km^2)$，即单位面积产生的排涝流量；R 为设计净雨量，mm；F 为涝区集水面积，km^2；k 为反映河网、流域形状、坡度等的综合系数；m 为反映峰量关系的指数；n 为集水面积递减指数。

排涝模数经验公式是在分析大量实测水文资料基础上总结出来的经验方法，具有参数少、结构简单、容易推广运用的特点。当某一平原坡水区公式参数确定后，只需知道设计净雨深和流域面积两个因子，就可以计算出该坡水区不同集水面积排涝河道或涵闸相应的设计排涝流量。该方法在淮北平原各省[8]和其他流域的河北、辽宁、湖北、陕西等多个省份得到推广运用，并收录于《灌溉与排水工程设计规范》（GB 50288—2018）、《农田排水工程技术规范》（SL 4—2013）、《土地整治项目规划设计规范》（TD/T 1012—2016）和《治涝标准》（SL 723—2016）等多个与排涝相关的规范中。

3.3.1.2　公式形式比较分析

根据本书 2.2.1 节分析，我国采用的排涝模数经验公式是国外排涝模数经验公式一般形式［式（2.2-10）］当 $c=0$、$d=0$ 时的一个特例。不同的公式形式对实测排涝模数拟合效果如何，国外排涝模数经验公式形式是否会优于我国现行的排涝模数经验公式形式？

公式形式比较方案分为三参数（即现行国内公式，参数：k、m、n）、四参数（即参数：k、m、n、c）和五参数（即参数：k、m、n、c、d）三种。三参数公式见式（3.3-2），四参数和五参数公式见式（3.3-3a）和式（3.3-3b）：

$$M = kR^m(F+c)^n \qquad (3.3-3a)$$

$$M = kR^m(F+c)^n + d \qquad (3.3-3b)$$

式中：M 为排涝模数；R 为净雨；F 为集水面积；k、m、n、c、d 分别为公式参数。

根据经验排涝模数公式参数率定资料选取原则（见 3.3.1.3 节），选取某平原坡水区 8 个水文站共 42 次实测涝水资料（见表 3.3-1）。

参数率定方法：三参数公式可变换成线性方程，采用多元线性回归法率定参数，详见 3.3.1.3 节。其他两个公式不能转化为线性形式，为多元非线性方程的参数寻优问题，本书采用避免陷入局部最优的粒子群优化算法率定公式参数。参数寻优目标函数：

$$f = \min \sum_{i=1}^{n} (M_i^o - M_i^c)^2 \qquad (3.3-4)$$

式中：f 为目标函数值；M_i^o 为第 i 个实测排涝模数；M_i^c 为第 i 个计算排涝模数。

不同形式公式率定的参数见表 3.3-2。采用率定的经验公式计算的排涝模数，与实测排涝模数建立相关关系（见图 3.3-3～图 3.3-5）。按洪水预报方案等级评判标准（计算值与实测值误差小于 20% 为合格）统计合格率，合格率大于 85% 为甲等方案。

表 3.3-1　　　　　　　　　　不同水文站实测涝水资料

水文站编号	面积/km²	净雨深/mm	实际排涝模数/[m³/(s·km²)]	水文站编号	面积/km²	净雨深/mm	实际排涝模数/[m³/(s·km²)]
A	176	18.3	0.150	F	2560	16.0	0.0688
A	176	26.0	0.253	F	2560	14.4	0.0582
B	736	13.0	0.083	F	2560	30.7	0.1270
B	736	49.5	0.333	F	2560	43.0	0.1371
B	736	23.2	0.141	F	2560	22.7	0.0781
C	1201	13.6	0.0637	F	2560	16.7	0.0605
C	1201	49.4	0.2689	F	2560	25.3	0.0863
C	1201	32.3	0.1457	F	2560	10.1	0.0457
C	1201	26.0	0.1241	F	2560	57.5	0.2000
D	1446	27.6	0.1307	F	2560	42.7	0.1770
D	1446	21.1	0.1107	F	2560	32.2	0.1172
D	1446	15.0	0.0676	F	2560	18.6	0.0676
D	1446	25.7	0.0879	G	3094	14.7	0.0621
E	2237	16.9	0.0581	G	3094	42.6	0.1580
E	2237	49.3	0.2070	G	3094	20.1	0.0637
E	2237	18.9	0.0702	G	3094	22.7	0.0844
F	2470	15.8	0.0680	G	3094	28.1	0.0976
F	2470	25.6	0.1105	H	3410	34.7	0.1111
F	2470	37.9	0.1866	H	3410	12.8	0.0449
F	2470	57.8	0.1887	H	3410	24.2	0.0777
F	2470	30.1	0.1575	H	3410	23.8	0.0827

注　表中数据主要来源于《淮北平原治涝水文研究与复核报告》[9]。

表 3.3-2　　　　　　　　　　不同公式形式比较表

公式形式	参数					相关系数	误差小于 ±20% 的合格率
	k	m	n	c	d		
$M=kR^mF^n$	0.055	0.98	-0.33			0.960	90.5
$M=kR^m(F+c)^n$	0.146	1.02	-0.47	227		0.969	92.9
$M=kR^m(F+c)^n+d$	0.069	0.982	-0.35	29.7	-0.005	0.965	85.7

从表 3.3-2 及图 3.3-3～图 3.3-5 中可知，三种形式公式计算排涝模数与实测排涝模数模相关系在 $0.960\sim0.969$ 之间，各形式之间相差甚微。三种形式公式计算的排涝模数误差小于 20% 的合格率均大于 85%，三种形式公式均可使用。其中，四参数公式合格率最高，达 92.9%；三参数公式合格率次之，达 90.5%；五参数公式合格率相对低一些，为 85.7%。在这组资料条件下，四参数的公式相对最优。总体而言，在精度上三参数公式略逊于四参数公式，但差别不大。

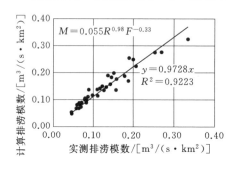

图 3.3-3　三参数公式实测排涝模数与计算排涝模数关系图

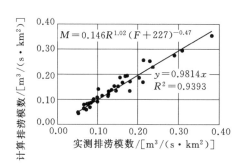

图 3.3-4　四参数公式实测排涝模数与计算排涝模数关系图

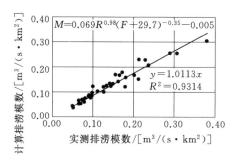

图 3.3-5　五参数公式实测排涝模数与计算排涝模数关系图

考虑三参数公式计算精度与四参数公式计算精度差别较小；三参数公式参数率定可采用多元线性回归计算，方法简便，四参数公式参数率定时需要采用多元非线性寻优方法，参数率定相对麻烦。因此，我国目前广泛使用的三参数公式仍不失为一种简便实用的排涝模数经验公式。

3.3.1.3　参数的率定

参数率定是确定排涝模数经验公式十分关键的工作。选定的参数合理与否，对设计排涝模数或排涝流量影响很大，不仅影响治涝工程规模和投资，还影响治涝效果。因此，需要十分重视排涝模数经验公式的参数率定工作。随着资料的积累和下垫面条件的变化，应当适时对已有排涝模数经验公式参数进行复核分析，保证经验公式的适用性和成果的合理性。

（1）资料选择。

率定参数的水文资料，需根据排涝模数经验公式原理和特点，考虑河道现状排涝能力、涝水量级大小和峰型、暴雨面上分布情况及暴雨持续时间等因素合理选择。具体选择原则如下：

1）水文站选择原则。在同一平原区内选择下垫面积条件相似、河道排涝标准不宜太低、不同集水面积的水文站实测资料。从参数地区综合角度考虑，为增强参数的区域代表性，应尽可能多选择不同河流、不同集水面积的水文站。

2）涝水量级选择原则。根据在平槽以下排涝模数与径流深（净雨）、流域面积成指数关系这一特点，应尽可能选择最高涝水位在平槽及以下的流量过程。平原区河道闸坝多，对小量级降雨径流过程影响较大，资料受人为干扰易失真，因此不宜选择太小的涝水过程。当可供选择的资料较少时，可适当放宽要求，但水位不宜过高，宜选择面上没有明显积水、涝水能够比较顺畅排泄的场次洪水，或暴雨虽然相对较小但河道节制闸基本均已打开的涝水资料。

3）峰型选择原则。尽可能选择单峰型涝水过程的资料。采用单峰型流量过程计算对应的单一场次暴雨过程形成的径流量较为准确。若单峰型资料不足时，可适当选择一些双峰或多峰形流量过程，并易于将各次暴雨形成的流量过程分割开来，以便计算单一场次流量过程及对应的径流量。根据《暴雨洪涝》[10]，我国一次暴雨过程持续时间长度大多在 2～7d。华北半湿润气候区（华北平原），暴雨可持续 2～3d 以上；长江流域平均日数为 3.2d，绝大多数暴雨过程持续 2～4d；华南前汛期暴雨也有明显的持续性，尤其是华南南部的广东沿海地区，平均可持续 2～4d。根据淮北平原地区经验，一般选取 2～4d 暴雨形成的流量过程。

4）特征值选取原则。农区排涝流量计算宜选 24h 平均或日平均峰值流量进行分析。农作物一般都具有一定的耐淹能力。考虑区域作物组成情况和不同生育阶段暴雨特点，一般作物均能耐受 1d 以上的涝水浸淹而不会明显的减产。因此可选取 24h 平均峰值流量作为设计排涝流量。对于有其他特殊要求的区域，也可根据治涝保护目标要求合理确定。

（2）实测排涝模数计算。

根据选定的各水文站历次实测涝水流量过程，计算 24h（或根据服务对象选取其他时段）平均峰值流量。再根据面积计算相应的各站次排涝模数：

$$M_{i,j} = \frac{Q_{i,j}}{F_i} \tag{3.3-5}$$

式中：M 为排涝模数；Q 为涝水峰值流量；F 为涝区集水面积；i 为水文站编号；j 为涝水场次。

（3）净雨深计算。

原则上是选择一次降水形成独立的洪水过程。事实上，这种独立场次形成的单一峰型的流量过程较少。往往前一次降水形成的流量过程尚未结束，后一次降水又形成新的流量过程，水文测站测到的是两次降水形成的叠加流量过程

（见图 3.3-6）。在计算场次降水量形成的径流量时，需要将不同场次降水形成的过程分割开来，以便计算单一场次径流量。图 3.3-6 中第一个流量过程线及本次流量过程的退水曲线和前一次流量过程的退水曲线所围面积即为涝水的径流量 W。

同一流域，当径流来源相同（如降雨），各次径流过程的退水规律基本一致[5]54。因此，分割不同场次流量过程通常采用退水曲线法进行。确定退水曲线的一般做法是：将各次无雨期的退水过程绘到同一张图上，各退水段在水平方向上移动，使尾部重合（见图 3.3-7），作出下包线，则下包线即是该流域的退水过程，也简称作退水曲线。

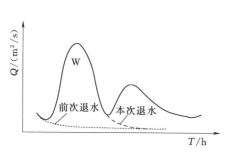

图 3.3-6　场次洪水分割示意图

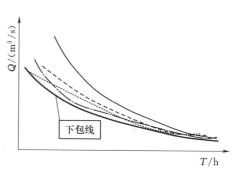

图 3.3-7　退水曲线示意图

不同的流域面积，退水曲线是不同的，可根据不同水文站实测资料分别作出各自的退水曲线。

根据选定的实测流量过程和相应的退水过程曲线，计算出次径流量，然后根据流域面积换算出净雨深。

（4）参数率定方法。

排涝模数经验公式参数率定的步骤是：①利用各站的实测资料分析得到的净雨 R、排涝模数 M，点绘 $\lg M - \lg R$ 关系图，从点群中心绘制直线，建立单站 $M = CR^m$ 关系，则斜率即为各站的 m 值；②通过地区综合，得到地区统一的 m 值；③在各站 $\lg M - \lg R$ 关系图上，采用经地区综合后统一的斜率 m 值，尽可能通过点群中心绘制直线，直线的截距即为各站的 $\lg C$ 值；④点绘 $\lg C - \lg F$ 关系图，从点群中心绘制直线，建立 $C = kF^n$ 关系，则直线的斜率即为 n 值，截距即为 $\lg k$，得到公式参数 k 和 n。从而得出排涝模数经验公式的三个参数。

上述方法确定参数的缺点是过程复杂，工作量大，费时费力。当某些站资料较少，难以建立 $M = CR^m$ 关系时，只能放弃该站资料。

下面介绍利用 Excel 表数据分析工具中的回归分析工具，可以十分方便快捷地求得式（3.3－2）中的各参数，并且无论某个水文站资料多少均能充分利用。

其方法是将式（3.3－2）转换成二元一次线性方程，即对式（3.3－2）两边取对数得

$$\ln M=\ln k+m\ln R+n\ln F \tag{3.3-6}$$

根据各站流域面积及实测资料分析得到的排涝模数和净雨资料，可以利用多元线性回归分析工具得到相关的参数。具体步骤如下：

1）将表 3.3－2 中各站面积、各场次的排涝模数和净雨填入 Excel 表，并进行对数变换，对数变换可以取自然对数，也可以取以 10 为底的对数。本例取自然对数，并将 ln$M$ 系列放入 F3～F44 单元，将 ln$R$ 系列放入 G3～G44 单元，将 ln$F$ 系列放入 H3～H44 单元（见图 3.3－8）。

	A	B	C	D	E	F	G	H
1–2	水文站编号	F /km²	R /mm	Qm /(m³/s)	M /[m³/(s·km²)]	ln$M$	ln$R$	ln$F$
3	A	176	18.3	26.4	0.150	−1.897	2.907	5.170
4	A	176	26	44.5	0.253	−1.374	3.258	5.170
5	B	736	49.5	245	0.333	−1.100	3.902	6.601
6	B	736	23.2	104	0.141	−1.959	3.144	6.601
7	C	1201	13.6	76.5	0.064	−2.754	2.610	7.091
8	C	1201	49.4	323	0.269	−1.313	3.900	7.091
9	C	1201	32.3	175	0.146	−1.926	3.475	7.091
10	C	1201	26	149	0.124	−2.087	3.258	7.091
11	D	1446	27.6	189	0.131	−2.035	3.318	7.277
12	D	1446	21.1	160	0.111	−2.201	3.049	7.277
13	D	1446	15	97.7	0.068	−2.694	2.708	7.277
14	D	1446	25.7	127	0.088	−2.432	3.246	7.277
15	E	2237	16.9	130	0.058	−2.846	2.827	7.713
16	E	2237	49.3	463	0.207	−1.575	3.898	7.713
17	E	2237	18.9	157	0.070	−2.656	2.939	7.713
18	F	2470	15.8	168	0.068	−2.688	2.760	7.812
19	F	2470	25.6	273	0.111	−2.203	3.243	7.812
20	F	2470	37.9	461	0.187	−1.679	3.635	7.812
21	F	2470	57.8	466	0.189	−1.668	4.057	7.812

图 3.3－8　数据处理示意图

2）启用数据分析工具中的回归分析工具（见图 3.3－9）。

3）在图 3.3－9 中 Y 值输入区域输入 ln$M$ 系列（F3～F44 单元）；X 值输入区域输入 ln$R$ 和 ln$F$ 系列（G3～H44 单元）。

4）选择输出选项（此例选择了新工作表，即结果存放到新生成的工作表中）和残差等选项（根据需要选择），点击确定键后，计算结果存放在新生成的工作表中（见图 3.3－10）。

5）获取参数。图 3.3－10 中，系数（coefficients）列下单元内的值为回归方程的参数值，其中 Intercept 对应的值－2.90 即为回归方程的截距项 ln$k$ 的值，取反对数得参数 k＝0.055，X Variable 1 相应的值 0.98 即是第 1 个变

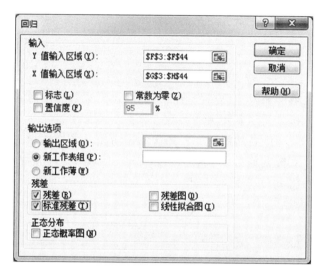

图 3.3-9　Excelge 多元线性回归计算工具示意图

图 3.3-10　多元线性回归计算结果显示图

量 $\ln R$ 的参数 m 的值，X Variable 2 相应的值 -0.33 即是第 2 个变量 $\ln F$ 的参数 n 的值。Multiple R 是复相关系数，其值为 0.97（与表 3.3-2 和图 3.3-3 中的相关系数略有差异，是因为公式参数取近似值后的误差所致）。

3.3.1.4　适用条件和范围

（1）适用涝区类型。

排涝模数经验公式是根据坡水区河道在畅排条件下，排涝流量峰值与净雨深关系（简称峰量关系）密切的规律得出的。该公式适用于坡地型涝区排涝河道、涵闸等自排流量的计算。

洼地型涝区往往需要抽排。抽排流量大小不仅取决涝水量大小，还与涝水排除时间要求有关，而涝水排除时间是由涝区的排涝要求确定的，设计抽排流量不符合峰量关系规律，因此该方法不适用于洼地型涝区的抽排流量计算。当承泄河道水位较低、可以自排时，这些河道往往也具有坡水区河道的特性，自排条件下的设计排涝流量可采用排涝模数经验公式法计算。

平原水网涝区设计涝水流量不仅与涝水量有关，还与排水出路的多少、大小直接相关，而排水出路的大小、多少与涝区排除时间要求有关。因此，排涝流量不仅与来水大小有关，还与排涝措施及规模有关。排涝模数经验公式难以考虑上述因素，因此该方法不适用于水网区设计排涝流量计算。

（2）适用范围。

在进行公式参数分析和地区综合时，一般选取相似下垫面条件的同一涝区内不同河流、不同水文站实测资料进行分析，因此，经地区综合分析得到的公式参数也只适用于该涝区，其他涝区由于下垫面特性不同，参数可能会差别很大，不宜不加论证地移用于其他地区。适用流域面积应尽量在分析公式参数所依据不同水文站流域面积的范围内，不宜超出过多。如安徽省规定，淮北平原地区面积小于 $50km^2$ 的涵闸自排流量采用平均排除法计算，面积在 $50 \sim 5000km^2$ 时可采用排涝模数经验公式进行计算。

3.3.1.5 超设计标准流量估算方法

排涝模数经验公式法在畅排条件下才能成立。根据治涝标准的要求，在设计排涝条件下，排涝河道的排泄能力满足涝区排水要求，涝区不会产生明显积水，即涝区排泄不受河道水位明显顶托，面上涝水能比较顺畅地排入河道。因此设计条件下的排涝流量符合该方法的适用条件，可以运用该方法计算。

当超过设计排涝标准时，涝水流量超过了河道的排涝能力，河水漫溢出槽，面上涝水很可能受到顶托难以顺畅排出，实际排出的流量比排涝模数经验公式法计算的流量小。并且排涝标准越高，这种差别越大。

在工作实践中往往需要计算高于排涝标准的设计流量。坡水区河道排涝标准一般不高，如淮北平原地区排涝标准大多在 5 年一遇左右。当发生超过 5 年一遇标准的暴雨时，涝水很可能会漫溢出槽。对于坡水区中下游河道这种现象更严重。为尽量减少超过排涝标准的上游来水漫出河槽加重中下游地区洪涝灾害，需要建设堤防挡水，尽量减少水灾的发生。堤防的标准高于治涝标准，一般在 $10 \sim 20$ 年一遇，一般情况下，防洪标准高于治涝标准。截至目前，在平原坡水区排涝流量计算中，还没有很好的方法来解决超标准设计流量计算的问题。根据淮河流域治涝规划实践，通常采用折减系数法进行计算。其方法如下：

1）选取排涝标准相对较高且有水文站的排涝河道。根据其水文站多年实测水文资料，选取若干次暴雨量级较大的场次涝水，计算最大 3d 暴雨量，分析各场次暴雨重现期、净雨深和排涝模数。

2）采用排涝模数经验公式，根据各次涝水净雨深计算相应的排涝模数。

3）计算各次实测排涝模数与计算排涝模数的比值。按照排涝模数经验公式法的原理，当暴雨标准低于河道排涝标准时，采用公式计算排涝模数与实际排涝模数应当是相同的或相近的（接近于1）；超过河道排涝标准（即暴雨重现期大于河道达到的治涝标准）时，实际已超出河道排涝能力，面上的涝水受河道高水位顶托下泄不畅，实际的排涝模数小于计算的排涝模数，两者的比值小于1，这个小于1的比值通常称作折减系数。暴雨重现期越大、折减系数就越小。

4）分析暴雨重现期与折减系数的关系。点绘超标准折减系数-暴雨重现期关系图（见图 3.3－11），经综合分析后，合理确定超标准排水条件下不同重现期下的折减系数。在安徽省淮北平原地区，河道的设计排涝标准一般取 5 年一遇，超标准情况下，10 年一遇和 20 年一遇设计排涝流量的折减系数分别取 0.9和 0.85[10]265。

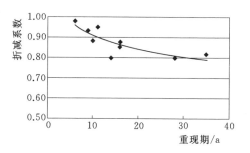

图 3.3－11　超标准折减系数-暴雨重现期
关系示意图

5）超标准流量计算。先按常规的排涝模数经验公式法计算出设计流量初值。然后根据该地区超标准折减系数情况，查得设计标准的折减系数。用该折减系数与设计流量初值相乘，得到相应防洪标准的设计流量。

3.3.1.6　国内部分地区的经验公式

排涝模数经验公式法广泛运用于华北平原区和淮河中下游平原区的有关各省（自治区、直辖市），东北平原区的辽宁省中部平原区、长江中下游平原区的湖北省以及山西省的平原区也有使用。这些地区基本属于以旱地为主的平原坡水区。表 3.3－3 列出了国内部分省份采用的排涝模数经验公式的参数。

3.3.1.7　排涝流量过程线计算方法

排涝模数经验公式可计算设计排涝流量的峰值，但不能计算排涝流量过程线。在某些情况下，如山丘、平原混合区河道设计流量采用分区流量合成法计算时，需要分别计算山丘区和平原区的流量过程（见 5.2.2 节），才能叠加合成设计断面排涝流量过程线，以过程线中的最大流量作为河道设计流量；另外，编制平原区洪（涝）水风险图时也需要计算流量过程线。河南省水利水电勘测设计院在排涝模数经验公式法基础上，根据大量实测洪水过程，通过综合分析归纳，提出经验性的概化过程线法，计算排涝流量过程，简介如下：

表 3.3 - 3   部分地区排涝模数经验公式 k、m、n 值

主要平原	省（直辖市）、区域		适用范围 /km²	设计暴雨时段	k	m	n
东北平原	辽宁省中部平原		＞50	3d	0.0127	0.93	−0.176
华北平原	北京	黄土质亚沙区	＞10	24h	0.032	0.93	−0.16
		Ⅳ区沙土区、Ⅴ区亚沙土区			0.026	0.93	−0.16
		Ⅴ区沙土区			0.021	0.93	−0.16
	河北	一般平原区	100～2000	3d	0.022	0.92	−0.2
		坡度较陡平原			0.032	0.92	−0.25
		所有平原	2000～4000		0.058	0.92	−0.33
	天津		—	24h	0.018	0.92	−0.15
	河南豫北平原		＜1000	3d	0.024	1	−0.25
	山东鲁北地区		—		0.0172	1	−0.25
淮河中下游平原区	河南、安徽淮北平原		50～5000		0.026	1	−0.25
	山东	湖西平原区	500～7000		0.031	1	−0.25
		湖东平原洼地	—	24h	0.055	1	−0.25
	江苏、山东邳苍郯新区		100～500	24h	0.033	1	−0.25
长江中下游平原区	湖北		100≤500	3d	0.0135	1	−0.201
			＞500		0.017	1	−0.238
其他区	山西太原平原区		—	24h	0.031	0.82	−0.25

注 表中"—"为没有收集到相关数据。

（1）计算方法。

假定下垫面条件相似的涝区，其排涝流量过程线具有相似特性，可以用以峰值流量为1、底宽时间为1的一条概化流量过程线来表达，如图 3.3 - 12 所示。排涝流量过程线计算方法如下：

$$Q_i = y_i Q_m \tag{3.3-7}$$

$$T_i = x_i T \tag{3.3-8}$$

$$T = 0.278 \frac{RF}{\omega Q_m} \tag{3.3-9}$$

式中：Q_m 为设计排涝峰值流量，m³/s，采用式（3.3 - 2）计算；y_i、x_i 为概化流量及概化时间，%；R 为净雨深，mm；F 为流域面积，km²；ω 为峰形参数；T 为过程线底宽，h；Q_i 为对

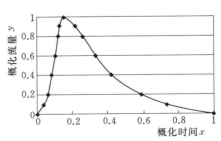

图 3.3 - 12 排涝流量概化过程线

应 T_i 时刻的排涝流量。

该方法解决了传统排涝模数经验公式只能计算流量峰值，不能计算排涝流量过程线的问题，简便实用。

根据本书 3.3.1.1 节，平原地区排涝峰值流量与洪量存在明显的线性关系。假定平原地区蓄泄关系也存在着线性关系，即

$$Q=kS \tag{3.3-10}$$

式中：Q 为流量；S 为流域积蓄的水量；k 为蓄泄系数。

为简化问题，设退水起始时刻 $t=t_m$ 的流量为 Q_m，相应流域蓄量为 S_m。根据水量平衡原理可得

$$Q=-\frac{\mathrm{d}S}{\mathrm{d}t} \tag{3.3-11}$$

将式（3.3-11）代入式（3.3-10），得

$$\frac{\mathrm{d}S}{\mathrm{d}t}=-kS \tag{3.3-12}$$

经积分并经整理可得

$$Q=Q_m e^{-k(t-t_m)} \tag{3.3-13}$$

由式（3.3-13）可知，当流域蓄泄关系为线性关系时，其流量退水过程符合指数衰减规律，反之亦然。

根据淮北平原区若干水文测站在分析降雨径流关系中场次洪水分割采用的退水曲线（见图 3.3-13），采用上述公式拟合，其拟合曲线与点据匹配非常好，说明平原地区流域蓄泄关系可以用线性关系来表达。

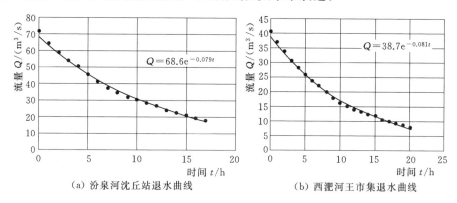

（a）汾泉河沈丘站退水曲线　　　（b）西淝河王市集退水曲线

图 3.3-13　淮北平原区不同测站退水曲线

令 $q=\dfrac{Q}{Q_m}$，$t'=kt$，代入式（3.3-13）则可得

$$q=e^{-t'} \tag{3.3-14}$$

式中：q 为概化流量；t' 为概化时间。

式（3.3-14）表示，在平原地区符合线性蓄泄关系的流域，其退水段流量过程可以用相同的概化流量过程线来表示。

根据淮北平原区多个水文测站典型排涝流量过程见图 3.3-14，通过概化处理后，不同流量过程线，不论是上涨段还是退水段，均具有十分相近的分布特性（见图 3.3-15）。因此，该方法在平原地区计算治涝流量过程线是可行的。

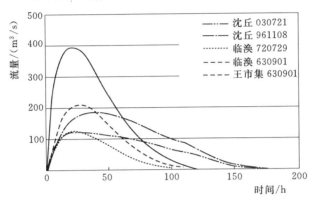

图 3.3-14　典型排涝流量过程线

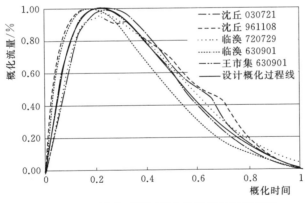

图 3.3-15　淮北平原区概化排涝流量过程线图

（2）概化流量过程线的制作。

1）资料选取。

从排涝模数经验公式参数率定选用的场次涝水资料中，选取不同水文站一定数量峰型单一、比较规则的典型流量过程线，作为分析综合概化流量过程线的基础资料。

有些流量过程因前期降水形成的流量过程没有退完又有降雨，实测流量过程是由前一次降雨形成的退水过程和降水形成的流量过程的叠加，因此需要将前一次降雨形成的流量过程进行分割处理（见图 3.3-7），若有较明显的基流也应一并分割处理掉，处理后的典型流量过程线如图 3.3-14 所示。

2）实测流量过程的概化处理。

对于每一个洪水过程，各点纵坐标值分别除以相应的洪峰流量，横坐标值分别除以流量过程底宽（即最长持续时间）T_i。使得各条概化过程线流量最大值均为 1、时间最大值为 1。概化流量过程线如图 3.3-15 所示。

3）确定设计概化流量过程线。

在图 3.3-15 中，取各典型概化流量过程线的平均值，作为初始概化过程线。由于受多种因素影响，实测流量过程线有若干波动，计算得到的平均概化过程线并不是平滑的过程线，有很多锯齿状波动。作为设计过程线一般需要进行适当的平滑处理，如图 3.3-15 中的实线。经处理后的概化过程线可作为采用的设计概化过程线。

4）确定设计概化过程线峰形参数 ω。

式 （3.3-9）中 T 以秒为单位，其他单位不变，则涝水量 $W=1000RF=\int_0^T Q(t)\mathrm{d}t$ ，并由式 （3.3-9）可导出

$$\omega=\frac{1000RF}{Q_m T}=\frac{1}{Q_m T}\int_0^T Q(t)\mathrm{d}t \qquad (3.3-15)$$

设 $q(t')$ 是 $Q(t)$ 的概化过程线，其中：

$$t'=\frac{t}{T},q(t')=\frac{Q(t'T)}{Q_m} \qquad (3.3-16)$$

则 $q(t')$ 与时间轴所围面积为

$$\int_0^1 q(t')\mathrm{d}t'=\int_0^1 \frac{Q(t'T)}{Q_m}\mathrm{d}t' \qquad (3.3-17)$$

将 t' 用 t 进行变换，即将式 （3.3-16）代入式 （3.3-17），得

$$\int_0^1 q(t')\mathrm{d}t'=\int_0^T \frac{Q(t)}{Q_m}\mathrm{d}\left(\frac{t}{T}\right)=\frac{1}{Q_m T}\int_0^T Q(t)\mathrm{d}t=\omega \qquad (3.3-18)$$

因此，对应设计概化过程线与时间度轴所围的面积即是设计概化过程线峰形参数 ω。

【例 3-5】 淮北一平原排涝河道某控制断面以上集水面积为 $350\mathrm{km}^2$，按 5 年一遇治涝标准进行治理，需计算该控制断面 5 年一遇设计排涝流量及流量过程线。

该河道位于淮北平原坡水区。根据该地区治涝水文计算方法，采用由设计暴雨和排涝模数经验公式法计算排涝流量，采用概化排涝过程线法计算流量过程线。具体步骤如下。

a. 根据该地区设计暴雨-重现期-面积关系曲线查得 5 年一遇 3d 设计暴雨

量为 165mm。

b. 根据该地区治涝水文计算方法规定，5 年一遇降雨量的前期影响雨量为 $P_a = 45$mm。

c. 由该河流所在区域降雨径流关系查得净雨深为 97mm。

d. 采用该地区的排涝模数经验公式 $Q = 0.026RF^{0.75}$，计算得到 5 年一遇设计排涝洪峰流量为 204m³/s。

e. 根据该流域所在区域排涝模数概化过程线（见图 3.3 - 12），得 $\omega = 0.35$。由式 3.3 - 9 计算排涝流量过程线底宽（即最大时间）T：

$$T = 0.278 \frac{97 \times 350}{0.35 \times 204} = 132(\text{h})$$

f. 根据排涝概化过程线和式（3.3 - 7）和式（3.3 - 8）计算出排涝流量过程线，如图 3.3 - 16 所示。

5）等时段流量计算。由于概化流量过程线时间节点间距是按时间底宽的百分数控制的，真实时间间隔不相等。在规划设计中通常采用等时段流量过程线，需通过插值计算，得到等时间间距的流量过程线。为了保证等时间间距的流量过程线峰值流量不变，插值计算时可从峰值流量开始，分别向两侧延伸。

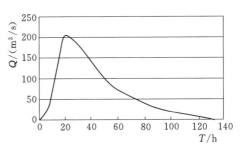

图 3.3 - 16 颍河某支流 5 年一遇
排涝流量过程线

3.3.2 平均排除法

3.3.2.1 平均排除法的特点和适用条件

治涝标准是保证涝区不发生涝灾的设计暴雨频率、暴雨历时、涝水排除时间及排除程度的指标。根据治涝标准的定义，很容易得出采用一定频率的设计暴雨所产生的水量，在规定的时间内按平均排水强度排除或排至可接受的程度，即平均排除法。用这种方法计算出来的流量符合排涝标准的要求。由于平均排除法概念易于理解、计算简单，在全国各省治涝计算中运用最为广泛。但平均排除法有其适用条件：

（1）可适用于不同面积抽排流量计算。

平均排除法并未考虑流域面积大小的影响。当设计频率、设计净雨、排除时间和排除程度相同时，不同面积的排涝模数相同。对于泵站抽排，由于抽排装机是固定的，正常运行时抽排流量是一定的，基本符合平均排除法的要求，因此可适用于不同面积抽排流量计算。

（2）可适用于较小面积的自排流量计算。

对于自排而言，河道的排涝模数是随集水面积增大而减小的，因此平均排除法有一定的适用条件，主要原因如下：

1）流域面积较大，汇流过程较长，若流量过程长于要求的排除时间，则按平均排除法计算的排涝流量大于实际最大峰值流量。如 $200km^2$ 的涝区，24h 降雨形成的流量过程为 72h，若按 24h 降雨 24h 排除计算，即是要求在 24h 内全部排出流域，实际在 24h 内只有一部分涝水汇到计算断面，还有 48h 的流量过程未到达计算断面。这样实际流量将比计算的流量小，并且面积越大，计算流量与实际流量的差别越大。此种情景下采用平均法计算的排涝流量将造成排涝河道规模偏大，导致浪费。

2）若流域面积较小，要求的排除时间长于汇流过程，则计算的排涝流量小于实际排涝流量，由此确定的排涝河道规模虽然比实际发生的流量小，涝水可能会在面上短时滞蓄，考虑到旱作物耐淹时间可达 1d（水稻作物耐淹时间更长），只要符合规定时间内排除的要求，基本不会形成明显的涝灾损失。因此小面积涝区自排流量可以采用平均排除法计算。

根据一般经验，以旱地为主的 $50km^2$ 以下的小面积涝区，多采用 24h 降雨 24h 排除计算。如淮北平原区一般用于 $50km^2$ 以下的排水河道、沟口涵闸等自排流量采用平均排除法计算；以水田为主的涝区，大多采用 3d 降雨 3～5d 排除，此种情况平均排除法可用到面积较大的涝区，如南方某些省用于数百平方公里的涝区排涝流量计算。

（3）可用于有一定蓄涝容积的涝区。

对于有少量沟塘洼地等蓄涝水面，调蓄涝水能力较小的涝区，蓄涝水量可作为净雨损失扣除简化处理，此种情况下可采用平均排除法计算。

3.3.2.2　平均排除法常用类型

平均排除法有旱地型、水田型、水田和旱地混合型和考虑蓄涝水面等土地利用类型的计算公式。当在一个涝区内有几种地类同时存在时，可以根据不同地类采用面积加权的方法计算总的排涝模数。

（1）旱地为主的排涝模数计算。

旱地为主的涝区净雨深一般采用降雨径流关系或径流系数法计算，排涝模数可按式（3.3-19）计算：

$$M_h = \frac{R_h}{86.4T} \tag{3.3-19}$$

式中：M_h 为旱地设计排涝模数，$m^3/(s \cdot km^2)$；R_h 为历时为 T' 的设计暴雨所产生的净雨深，mm；T 为涝水排除时间，d。

（2）水田涝区的排涝模数计算。

水田的净雨深一般采用扣损法计算，排涝模数可按式（3.3-20）计算：

$$\left. \begin{array}{l} R_s = P_{T'} - h_s - (f+E)T \\[2mm] M_s = \dfrac{R_s}{86.4T} \end{array} \right\}$$ （3.3-20）

式中：M_s 为水田设计排涝模数，$m^3/(s \cdot km^2)$；R_s 为水田需要排除的涝水深，mm；$P_{T'}$ 为历时 T' 的设计暴雨，mm；h_s 为水田滞蓄水深，mm；f 为水田日渗漏量，mm/d；E 为水田日蒸发量，mm/d；T 为涝水排除时间，d。

（3）旱地和水田涝区综合排涝模数。

旱地和水田涝区综合排涝模数可根据旱地和水田面积的比例加权计算，计算公式如下：

$$M = \frac{M_h F_h + M_s F_s}{F_h + F_s}$$ （3.3-21）

式中：M 为综合排涝模数，$m^3/(s \cdot km^2)$；F_h 为旱地面积，km^2；F_s 为水田面积，km^2。

（4）考虑沟塘蓄水的综合排涝模数计算。

考虑沟塘蓄水的综合排涝模数可按式（3.3-22）计算：

$$M = \frac{a_h R_h + a_s R_s + a_t (P_{T'} - h_t - ET)}{3.6Tt}$$ （3.3-22）

式中：a_h、a_s、a_t 分别为排水区旱地率（含荒地等非耕地）、水田率、沟塘蓄涝水面率，$a_h + a_s + a_t = 1$；h_t 为河网、沟塘蓄涝水深；t 为 1d 内排水的时间，其余符号同式（3.3-19）和式（3.3-20）。

3.3.2.3　参数的确定

平均排除法的参数主要有设计暴雨历时、涝水排除时间、水田滞蓄水深、沟塘蓄涝水深、水田日渗漏量、排水区旱地率（含荒地等非耕地）、水田率、沟塘蓄涝水面率等。

（1）设计暴雨历时和涝水排除时间。

设计暴雨历时和涝水排除时间对排涝模数影响很大。根据暴雨特性，相同频率下，暴雨历时越长、暴雨量越大、产生的净雨量越大，反之就越小。涝水排除时间不宜小于设计暴雨历时。同样设计暴雨条件下，涝水排除时间越短，则排涝模数就越大；涝水排除时间越长，则排涝模数就越小。

各省在长期的实践中，根据当地的暴雨特性、作物耐淹特性等因素，对不同排水方式和不同类型的作物拟定了设计暴雨历时和涝水排除时间，见表3.3-4和表3.3-5。

表 3.3－4 　　　　　　　　不同地区平均排除法（自排）参数

主要平原区	省、地区	设计暴雨历时	涝水排除时间	适用条件
东北平原	黑龙江	1d	2d	旱地
		3d	4～5d	水田
	吉林	1d	2d	旱地
		1d	3d	水田
华北平原	河南	1d	1.5d	旱地
淮河流域	安徽	24h	24h	面积小于 50km²
	河南	24h	24h	
	山东	24h	24h	
长江中下游地区	湖南	3d	3d	水田
		24h	24h	菜田
	湖北	3d	5d	水田
		24h	24h	菜田
	江西	3d	3d	水田
	江苏苏南地区	1d	1d	
珠江三角洲地区	广东部分地区	24h	24h	

表 3.3－5 　　　　　　　　不同地区平均排除法（抽排）参数

主要平原区	省、地区	设计暴雨历时			水田、旱地/菜地涝水排除时间	每天开机时间/h
		水田	旱地	菜田		
长江下游地区	安徽	3d		24h	3d/24h	23
	浙江	1d			1～2d/24h	24
	江苏苏南	1d			1d	22
长江中游地区	江西	3d			3d	22～24
	湖南	3d		1d/24h	3d/1d	20～22
	湖北	1d、3d			2d、3d、5d/1d	20～22
华北平原	河南	1d			1.5	24
淮河流域	河南	2d			2d	24
	安徽	2d			2d	24
	山东	3d	1d	24h	3d/24h	22
珠江三角洲地区	广东部分市	24h			1d	22

（2）其他参数。

水田滞蓄水深是指不影响作物正常生长可滞留在水田中的最大涝水深。根据不同省区的耕作习惯，取值在 20～60mm，多数取值在 40～50mm，一般南方大于北方。

水田渗漏量是指水田下渗漏失水量（用水深表示），与水田的土质有关。水田渗漏量可采用公式 $f=\varepsilon T$ 估算，其中，ε 为渗漏强度，mm/d。

沟塘蓄涝水深是指当发生涝情时，沟塘容许滞蓄涝水而不发生涝灾的最大水深。沟塘蓄涝水深原则上与沟塘的调节性能和控制调度有关，事实上大多数沟塘没有明确的控制手段或调度原则，蓄涝水深多是根据各地的实际情况确定。例如安徽省沿江地区根据以往的排涝规划，农村沟塘蓄涝水深一般取500mm 左右，但根据当前农村实际情况，较大池塘大多有综合利用要求（如养殖、灌溉等），靠近城镇近郊的水面也大多有水景观水生态保护要求。预降水深过大还可能增加抽排水成本。因此，目前一般沟塘蓄涝水深不宜过大，根据不同沟塘情况取值范围在 100～500mm。

旱地率（含荒地等非耕地）、水田率、沟塘蓄涝水面率根据土地类型实际量算确定。由于沟塘蓄涝面积大小对排涝模数影响较大（参见本书 1.3.2 节），在计算设计排涝模数或排涝流量时，应重视沟塘湖洼等水面面积量算工作。

【例 3-6】 淮北平原坡水区某河小支流按 5 年一遇排涝标准进行疏浚。已知该支流其中一个控制节点的集水面积为 28km²。求该控制节点设计排涝流量。

设计排涝流量计算的方法和步骤如下：

a. 计算方法：淮北平原坡水区作物以旱作物为主，面积小于 50km² 的河道设计采用平均排除法计算。自排流量采用 24h 降雨所产生的净雨 24h 排除。

b. 设计暴雨计算：根据该地区年最大 24h 暴雨等值线图，查得流域中心点年最大 24h 暴雨均值为 110mm，$C_v=0.55$，C_s 按常规取 $3.5C_v$。经计算，5 年一遇设计暴雨量为 147.7mm。

c. 设计净雨计算：采用降雨径流关系 $[(P+P_a)$ 和 R 的关系] 计算。根据该地区治涝水文计算办法，5 年一遇前期设计雨量 P_a 取 45mm。查该地区降雨径流关系线得设计净雨量 R 为 89.1mm。

d. 计算设计排涝流量：根据式（3.3-19）计算 5 年一遇设计排涝模数：

$$M_h=\frac{R_h}{86.4}=\frac{89.1}{86.4}=1.03[\mathrm{m^3/(s \cdot km^2)}]$$

$$Q=M_hF=1.03\times28=28.8(\mathrm{m^3/s})$$

因此，该支流控制节点处 5 年一遇设计排涝流量为 28.8m³/s。

【例 3-7】 沿江某涝区面积 48km²，其中旱地 8.6km²、水田 36.0km²、水面 3.36km²。拟新建一排涝泵站，设计排涝标准为 5 年一遇。求泵站设计排涝流量。

泵站设计排涝流量的计算方法和步骤如下：

a. 计算方法。该涝区有旱地、水田和水塘等土地利用类型，拟采用平均排除法中的综合排涝模数公式计算。根据当地排涝规划，按 3d 暴雨 3d 排完计算。

b. 设计暴雨。根据所在省年最大 3d 暴雨等值线图查算，得到 5 年一遇设计暴雨为 222mm。

c. 设计净雨计算。根据当地治涝水文计算习惯，旱地产流计算采用径流系数法，综合径流系数取 0.80，得净雨深：

$$R_h = 0.8 \times 222 = 177.6 (\text{mm})$$

水田采用扣损法计算，其中蒸发损失按 5mm/d 计，水田渗漏损失按 2.5mm/d 计，耐淹水深取 60mm，净雨深为

$$R_s = 222 - 5 \times 3 - 2.5 \times 3 - 60 = 139.5 (\text{mm})。$$

d. 其他参数。沟塘调蓄水深取 300mm，泵站每天开机时间根据经验取 22h。

e. 排涝流量计算。根据不同地类面积，计算旱地率、水田率和水面率分别为 0.18、0.75 和 0.07。由式（3.3-22）计算设计排涝模数：

$$M = \frac{0.18 \times 177.6 + 0.75 \times 139.5 + 0.07 \times (222 - 300 - 5 \times 3)}{3.6 \times 3 \times 22}$$

$$= 0.55 [\text{m}^3/(\text{s} \cdot \text{km}^2)]$$

$$Q = MF = 48 \times 0.55 = 26.4 (\text{m}^3/\text{s})$$

因此，该涝区泵站 5 年一遇设计抽排流量为 26.4m³/s。

3.3.3 单位线法

单位线法是根据净雨计算流量过程线最为常用的方法。单位线的概念首先是由谢尔曼（L. K. Sherman）于 1932 年提出，认为流域汇流符合倍比性和叠加性假定，即：①单位时段内 n 单位净雨量所形成的出流过程，其流量过程为 1 个单位净雨单位线的 n 倍；②各单位时段净雨所产生的出流过程互不影响，出口断面的流量等于各单位时段净雨所形成的流量之和。这一方法及假定在水文预报实践中得到了很好的验证，并随之在水文预报和工程水文分析计算中得到广泛的运用。该方法同样可用于治涝水文计算。

平原地区的汇流特性与山丘区的有所不同。山丘区因地面坡降大，大小洪水在流域面上汇流不受下游洪水位顶托，可自由汇流下泄，不同洪水量级基本符合流域汇流倍比性和叠加性假定。平原区当涝水位在平槽及以下时涝水基本不受顶托，属于畅排条件，此时汇流特性与山丘区相近；当涝水位漫过河槽后，流域面上排水受河道高水位顶托，易造成面上涝水积蓄，排水规律就不再符合单位线倍比和叠加性假定。因此，满足设计治涝标准的河道，相应治涝标

准的涝水位一般在平槽及以下，其汇流特性符合单位线的假定，可以采用单位
线法汇流计算。

3.3.3.1 平原地区经验单位线

经验单位线是根据实测资料直接分析而得到的单位线。率定单位线的主要
步骤如下：

（1）选择水文资料。由于平原区河道排水特性与山丘区不同，当涝水位高
出河槽后，面上的涝水受顶托排泄不畅，汇流规律不符合单位线的叠加性和倍
比性假定；但涝水太小又受闸坝等人为因素干扰影响大。因此，应选择人为因
素干扰小的水文站，尽可能选择最高水位在平槽左右的实测流量过程及相应的
降雨等资料。若前期有降水过程，则应对流量过程进行分割处理，得到单峰型
流量过程，具体方法参见本书3.3.1.3节。

（2）根据时段降雨和产流计算，得到各时段净雨初值。然后根据流量过程
计算场次降雨产生的涝水总量，按涝水总量控制，修正总的净雨深及各时段净
雨量过程。

（3）用最小二乘法计算经验单位线。具体步骤如下：

设 u 为单位线，I、$\hat{Q}$ 为净雨过程和计算的流量过程。则

$$\left.\begin{aligned}
\hat{Q}_1 &= u_1 I_1 \\
\hat{Q}_2 &= u_1 I_2 + u_2 I_1 \\
&\vdots \\
\hat{Q}_n &= u_1 I_n + u_2 I_{n-1} + u_m I_{n-m+1}
\end{aligned}\right\} \tag{3.3-23}$$

式中：m 为单位线时段个数；n 为净雨时段个数。用矩阵表示：

$$\hat{Q} = IU \tag{3.3-24}$$

Q 为实测流量过程，则离差平方和为

$$F = (Q - IU)^T (Q - IU) \tag{3.3-25}$$

令 $\dfrac{\partial F}{\partial U} = 0$，即得

$$-2I^T Q + 2I^T IU = 0 \tag{3.3-26}$$

得到最小二乘法估值：

$$U = (I^T I)^{-1} I^T Q \tag{3.3-27}$$

（4）单位线是平滑连续的曲线，但由最小二乘法求得的单位线可能存在锯
齿形波动，以及单位线对应的水量不等于1个单位净雨的水量等问题，在实际
运用时应进行平滑处理和归一化处理，使单位线成为平滑的单峰型和单位线水
量等于1个单位净雨的水量。

3.3.3.2　瞬时单位线

若净雨时段趋于0，相应净雨形成的单位线称为瞬时单位线，用$u(0,t)$表示。纳希[4]（J. E. Nash，1957）把流域对净雨的汇流作用概化为n个线性水库的调蓄，得到瞬时单位线公式：

$$u(0,t)=\frac{1}{k\Gamma(n)}\left(\frac{t}{k}\right)^{n-1}e^{-t/k} \tag{3.3-28}$$

式中：Γ为伽玛函数；n为线性水库个数；k为每个水库汇流滞时。

瞬时单位线的优点是可以用与流域特性有关的两个参数表达，便于地区综合。因此，实际上大多采用瞬时单位线法。为运用方便，在各省暴雨洪水图集或水文手册中，根据大量实测水文资料，对瞬时单位线参数n和k进行了地区综合，一般用$m_1=nk$（单位线的一阶原点矩）和$m_2=1/n$来表达，建立m_1和m_2与流域特性参数的关系。如江苏省[11]23苏北平原地区综合瞬时单位线参数表达式为

$$\left.\begin{array}{l} m_1=2.94\left(\dfrac{F}{J}\right)^{0.35}\quad 或 \quad m_1=2.25F^{0.38} \\[3mm] m_2=\dfrac{1}{2} \end{array}\right\} \tag{3.3-29}$$

式中：F为流域面积，km^2；J为干流平均坡降，1/10000。

实际应用时，由于净雨均为某一长度的时段净雨量，因此需要将瞬时单位转换为时段单位线后，才能进行汇流计算。各省在暴雨洪水图集或水文手册中制作了以m_1和m_2为参数及不同时段长的单位线查算表，供汇流计算使用。

3.3.3.3　适用范围和要求

（1）适用范围。

1）平原地区自排流量计算。

平原坡水区在河道畅排条件下的汇流过程受河道顶托影响小，也可以认为基本符合单位线假定的倍比原则和叠加原则。根据《治涝标准》（SL 723—2016），设计排涝水位应能满足两岸大部分地面的自排要求，设计治涝水位可在地面以下0.3～0.5m，即当发生设计治涝流量时，涝区汇流基本符合畅排条件。因此单位线法计算可用于平原区自排条件下的设计排涝流量计算。

2）撇洪沟设计流量计算。

撇洪沟是拦截涝区上游山丘区或周边岗地来水并直接导入承泄河道的截排水通道，是治涝工程措施的组成部分。撇洪沟的集水区域多为山岳区和高岗地，地面坡降远大于平原区，该区域汇流符合单位线两个假定，因此单位线法可用于涝区撇洪沟流量计算。

（2）适用要求。

使用单位线法进行汇流计算时，时间步长一般有 1h、2h、3h、6h 等。同一场次流量过程，由于计算时间步长不同，所对应的时段洪峰流量也不相同。时间步长越长，峰值流量均化越明显，时段平均峰值流量就越小；反之，时段平均峰值流量就越大。在平原地区，排涝河道设计排涝水位是低于河道滩面（或附近地面）的，即发生设计标准涝水时，其最大流量一般是不出槽漫滩的。由于作物有一定的耐淹特性，允许地表短期积水或短期出槽漫滩，从既不对作物产量造成明显影响又能减少工程规模、节约投资的角度，在确定排涝流量

时，一般要求对流量过程进行所谓的"削平头"处理，即以 Δt 时段平均流量峰值 $\overline{Q}_m$ 作为设计流量（见图3.3-17）。如一般旱作物允许耐淹一天，所以农区设计排涝流量一般采用 $\Delta t=24h$。为方便计算，《江苏省暴雨洪水图集》中编制了苏北平原区瞬时单位线参数 m_1-平头时段 Δt-平头系数 α 关系图（见图3.3-18）供查算。

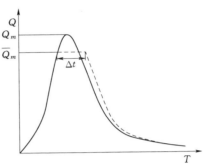

图 3.3-17 平头流量过程线示意图

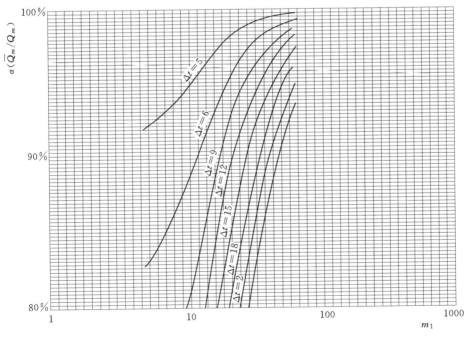

图 3.3-18 苏北平原地区瞬时单位线参数-平头时段-平头系数关系图

【**例 3 - 8**】 苏北某涝区河道控制断面集水面积为 $276km^2$，干流河道坡降为 $0.207‰$。涝区以小麦、玉米红薯等作物为主。需对其河道按 5 年一遇排涝标准治理，求控制断面设计排涝流量。

求解方法和步骤如下：

a. 设计净雨计算：根据《江苏省暴雨洪水图集》可计算得到 5 年一遇最大 3d 设计雨量 165mm，设计净雨 88.8mm，并按上述图集净雨时间分配表得净雨过程，见表 3.3 - 6。

表 3.3 - 6　　　　　　　　单位线计算及削平头流量成果表

时段	净雨/mm	单位线	时段净雨汇流流量/(m³/s)				$Q_{出口}$/(m³/s)	$Q_{24h平头}$/(m³/s)
			$I_1=8.9$	$I_2=8.9$	$I_5=35.5$	$I_6=35.5$		
1	8.9	1.88	16.73				16.7	16.7
2	8.9	3.39	30.17	16.73			46.9	46.9
3		2.81	25.01	30.17			55.2	55.2
4		1.92	17.09	25.01			42.1	42.1
5	35.5	1.19	10.59	17.09	66.74		94.4	94.4
6	35.5	0.70	6.23	10.59	120.4	66.74	204	177
7		0.41	3.65	6.23	99.76	120.4	230	177
8		0.22	1.96	3.65	68.16	99.76	174	177
9		0.13	1.16	1.96	42.25	68.16	114	177
10		0.06	0.53	1.16	24.85	42.25	68.8	68.8
11		0.03	0.27	0.53	14.56	24.85	40.2	40.2
12		0.01	0.09	0.27	7.81	14.56	22.7	22.7
13		0.01	0.09	0.09	4.62	7.81	12.6	12.6
14				0.09	2.13	4.62	6.84	6.84
15					1.07	2.13	3.2	3.2
16					0.36	1.07	1.43	1.43
17					0.36	0.36	0.72	0.72
18						0.36	0.36	0.36

b. 根据式（3.3 - 29）计算得到单位线地区综合参数：

$$m_1 = 2.94\left(\frac{276}{2.07}\right)^{0.35} = 16.3$$

$$m_2 = 0.5$$

c. 根据 m_1、m_2 和 $\Delta t = 6h$ 查暴雨洪水图集中单位线表得所求的单位线，见表 3.3 - 6。

d. 进行逐时段汇流计算，得到控制断面流量过程线，6h 峰值流量 230m³/s。

e. 对峰值流量进行 24h 削平头处理（24h 平均流量），得到设计排涝流量 177m³/s 及过程线，详见表 3.3-6 和图 3.3-19。

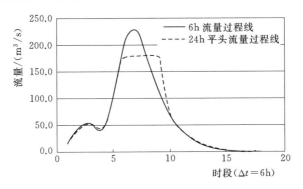

图 3.3-19 苏北某涝区 5 年一遇流量过程线图（单位线法）

3.3.4 总入流槽蓄演算法

3.3.4.1 基本原理和计算方法

总入流槽蓄演算法[11]24-27 是江苏省水文总站提出的平原坡水区汇流计算的一种方法。其基本原理是将汇流分为坡面汇流和河网汇流两部分。净雨 R 经过坡面汇流过程进入河网形成总入流过程 $q-t$，经河网汇流后形成出流过程 $Q-t$，如图 3.3-20 所示。

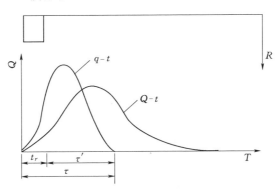

图 3.3-20 总入流过程线示意图

假定总入流过程为抛物线形：

$$q(t) = a(\tau - t)t \qquad (3.3-30)$$

式中：τ 为抛物线底宽，是净雨历时 t_r 和流域滞时 τ' 之和；a 为抛物线系数。

根据式（3.3-30）求得总入流水量 W：

$$W = \int_0^\tau q(t)\,\mathrm{d}t = \frac{a}{6}\tau^3 \tag{3.3-31}$$

则：

$$q(t) = \frac{6W}{\tau^3}t(\tau - t) \tag{3.3-32}$$

在推求设计排涝流量时，W 可由设计净雨 R 和流域面积 F 计算，即 $W = RF$。

设 Q 为出流量，S 为河网槽蓄量，K 为槽蓄系数，依据水量平衡方程：

$$q\,\mathrm{d}t - Q\,\mathrm{d}t = \mathrm{d}S \tag{3.3-33}$$

假定槽蓄方程为线性方程：

$$Q = KS \tag{3.3-34}$$

经过推导得流域汇流计算公式：

当 $t \leqslant \tau$ 时：

$$Q(t) = \frac{6W}{\tau^3}\left[\left(\tau + \frac{2}{K}\right)\left(t - \frac{1}{K}\right) - t^2 + \frac{1}{K}\left(\tau + \frac{2}{K}\right)e^{-Kt}\right] \tag{3.3-35}$$

当 $t > \tau$ 时：

$$Q(t + \Delta t) = \left(\frac{2 - \Delta tK}{2 + \Delta tK}\right)Q(t) \tag{3.3-36}$$

式中：Δt 为计算时段步长。当 $t = t_m$ 时，可进一步推得峰值流量 Q_m 和 τ 的计算公式：

$$Q_m = \frac{6W}{\tau^3}(\tau - t_m)t_m \tag{3.3-37}$$

$$\tau = \frac{2t_m}{1 - e^{-Kt_m}} - \frac{2}{K} \tag{3.3-38}$$

当 $t = \tau$ 时：

$$Q_\tau = \frac{6W}{K\tau^3}\left[\left(\tau + \frac{2}{K}\right)(1 + e^{K\tau}) - \frac{4}{k}\right] \tag{3.3-39}$$

若已知参数 K、τ 及涝水总量，根据式（3.3-35）～式（3.3-37）及式（3.3-39），可计算得到出口断面的流量过程 Q-t。

3.3.4.2　参数确定

参数 K、τ 具有明确的物理意义，可通过实测流量过程线比较方便地推算出来。

（1）由式（3.3-36）可推导得

$$K = \frac{2\left(1 - \dfrac{Q(t+\Delta t)}{Q(t)}\right)}{\left(1 + \dfrac{Q(t+\Delta t)}{Q(t)}\right)\Delta t} \qquad (3.3-40)$$

根据某水文站选出的典型实测流量过程退水段（第一拐点后）资料，用式（3.3-40）算出次洪水的平均 K 值。

【例 3-9】 淮北某支流水文站实测流量过程见表 3.3-7，洪水过程总时段长为 109h，计算时段长为 1h，已知洪峰出现时段 $t_m = 29h$，洪峰后第一个拐点是第 45 个时段，根据式（3.3-40），逐时段计算出 K 值，并计算得平均 K 值为 0.0465。

表 3.3-7 K 值 计 算 表

时 段 序 号	$Q/(m^3/s)$	$K/(1/h)$
...	...	...
58	110	0.0370
59	106	0.0483
60	101	0.0373
61	97.3	0.0398
62	93.5	0.0359
63	90.2	0.0419
64	86.5	0.0413
65	83.0	0.0431
66	79.5	0.0424
67	76.2	0.0415
68	73.1	0.0433
69	70.0	0.0408
70	67.2	0.0488
71	64.0	0.0480
...	...	...
平均值		0.0465

（2）由流量过程线上查出峰现时间 t_m 及由上一步计算出来的 K 值，依据式（3.3-38）计算出 τ。

$$\tau = \frac{2 \times 29}{1 - e^{0.0465 \times 29}} - \frac{2}{0.0465} = 35.3(h)$$

（3）一次洪水过程分析的参数存在一定的偶然因素，宜采用多次实测流量过程进行分析，合理确定该水文站汇流参数，也可采用优选法确定参数。确定参数时，重点要控制流量峰值和总水量拟合精度。参数通过多站地区综合，可以得到该地区与流域特性有关的总入流槽蓄法汇流计算参数。

江苏省水文总站根据苏北平原地区 38 个水文站实测水文资料，分析了不同流域的 K、τ'，经地区综合，K、τ' 分别与流域面积与河道干流比降的商（F/J），以及流域面积建立了关系：

$$K = 0.267 \left(\frac{F}{J} \right)^{-0.28} \Bigg\}$$
$$\tau' = 0.522 \left(\frac{F}{J} \right)^{0.51} \Bigg\}$$

$$(3.3-41)$$

或

$$K = 0.356 F^{-0.32} \Bigg\}$$
$$\tau' = 0.387 F^{0.53} \Bigg\}$$

$$(3.3-42)$$

式中：K、τ' 为总入流槽蓄演算法参数；F 为流域面积，km^2；J 为流域坡降，$1/10000$。

为便于计算，可事先制作单位净雨、流域特征参数 F（或 F/J）与排水模数过程线关系表。《江苏省暴雨洪水图集》中依据上述方法，制作了苏北地区不同面积 3d 净雨 100mm 排水模数过程线表[11]113-119。使用时，根据流域特征参数查出 100mm 单位净雨排水模数过程线，再由设计净雨计算出设计排水流量过程线。

该方法的优点是：①参数少，具有明确的物理意义；②参数可以从实测流量过程线中通过简单计算得到，参数率定简便，并可以进行地区综合，便于推广应用到相似下垫面的无实测流量资料的涝区；③可计算流量过程线。

3.3.4.3 适用条件

总入流槽蓄法是基于平原坡水区汇流特性而建立的排涝流量过程计算方法，因此适用于平原坡水区河道的排涝流量计算，不适用于撇洪沟流量计算和抽排流量计算。

与单位线法相同，考虑平原地区作物允许短暂积水或漫滩，应对设计洪峰流量进行削平头处理。为方便计算，《江苏省暴雨洪水图集》中建立了不同时段洪峰平头流量系数查算图，用于该省苏北平原地区排涝水文计算。

【例 3-10】 仍以本书［例 3-8］流域资料为例，采用总入流槽蓄演算法计算设计排涝流量。

a. 设计净雨量为 88.8mm。

b. 计算流域特征参数。江苏暴雨洪水图集已编制了 F/J 与单位净雨的流量模数关系表，因此需计算 F/J。控制断面以上集水面积 $276km^2$，干流河道坡降 0.207‰。根据流域面积和河道坡度，计算得 $F/J = 47.5$。

c. 确定单位净雨的流量模数过程线。根据 F/J，查 F/J 与单位净雨的流量模数关系表，得到设计断面单位净雨的流量模数过程线，见表 3.3-8。

表 3.3-8   总入流槽蓄法流量计算表

时间序号 ($\Delta t = 6h$)	净雨深 /mm	100mm 净雨 模数	流量 /(m³/s)	24h 峰值平头流量 /(m³/s)
1	88.8	0.033	8.14	8.14
2		0.159	38.9	38.9
3		0.229	56.2	56.2
4		0.169	41.4	41.4
5		0.243	59.5	59.5
6		0.709	174	175
7		0.966	237	175
8		0.706	173	175
9		0.469	115	175
10		0.311	76.2	76.2
11		0.206	50.5	50.5
12		0.137	33.6	33.6
13		0.095	23.3	23.3
14		0.06	14.7	14.7
15		0.04	9.8	9.8
16		0.026	6.37	6.37
17		0.017	4.17	4.17
18		0.012	2.94	2.94
19		0.008	1.96	1.96
20		0.005	1.23	1.23

d. 设计流量过程线计算。根据净雨过程及单位净雨的流量模数过程线，按式（3.3-43）计算：

$$Q_i = \frac{R}{100} M_i F \tag{3.3-43}$$

式中：Q_i 为 i 时段流量，m³/s；R 为净雨，mm；M_i 为 i 时段 100mm 净雨流量模数，m³/(s·100mm·km²)；F 为集水面积，km²。

经计算，得到 5 年一遇设计流量过程线（见表 3.3-8 和图 3.3-21），其中峰值流量 235m³/s，24h 平头流量 175m³/s。该结果与单位线法结果分别相

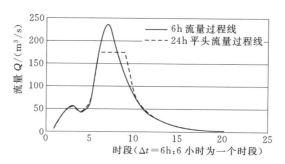

图 3.3 - 21 苏北某涝区 5 年一遇流量过程线图（总入流法）

差 2.2% 和 2.7%，十分接近。

3.3.5 水量平衡法

有些涝区存在如湖泊、较大水塘和蓄涝洼地等水域，多见于大江大河两岸支流下游以及大型湖泊滨湖洼地，如沿淮干中游的澥河洼、沱湖洼等。这些洼地地势一般较低，当承泄区水位较高时，洼地涝水需要依靠泵站抽排；当承泄区水位较低时，可通过涵闸依靠重力自然外排。由于这些蓄涝水域蓄水容积较大，对涝水的调蓄能力较强。排涝流量受治涝要求、来水量与过程、出流方式、出流规模及控制水位等诸多因素的制约，不再是自然来水过程的峰值流量。因此前述几种方法均不适用于这种涝区的排涝流量计算。水量平衡法可较好地考虑上述这些因素的影响，这类涝区通常采用水量平衡法计算排涝流量。

3.3.5.1 基本公式

根据水量平衡法的基本原理，进入蓄涝区的水量扣除排出蓄涝区的水量，即为蓄涝区的蓄水量差值。水量平衡法基本公式如下：

$$\frac{q_{t+1}+q_t}{2}\Delta t - \frac{Q_{t+1}+Q_t}{2}\Delta t = (V_{t+1}-V_t) \qquad (3.3-44)$$

式中：q_t、q_{t+1} 为 t 时刻和 $t+1$ 时刻蓄涝区的入流量，m^3/s；Q_t、Q_{t+1} 为 t 时刻和 $t+1$ 时刻的流出蓄涝区的流量，m^3/s；V_t、V_{t+1} 为 t 时刻和 $t+1$ 时刻蓄涝区蓄水容积，m^3；Δt 为 t 时刻到 $t+1$ 时刻的时段长，s。

根据来水过程、排水方式、排水能力、蓄涝区排涝控制水位等，通过逐时段水量平衡调节计算，可得到出流过程，其中最大排出流量，即为设计排涝流量。

3.3.5.2 自排流量计算

（1）排涝控制水位。

1）设计排涝水位。

设计排涝水位是指相应于治涝标准且不产生涝灾的排涝沟渠、河道、滞涝区控制水位。涝水位应控制在设计排涝水位以下，才能保证涝区不发生明显涝灾。该水位一般取低于湖洼等蓄涝区附近地面 0.3～0.5m。当由于地势等原因，为了提高蓄涝能力、降低排涝工程规模时，经论证也可高于蓄涝区附近地面，但相应该水位以下面积不宜大于整个涝区面积的 5%～10%。

2）起调水位。

起调水位是水量平衡调节计算时蓄涝区的起始水位，即在排涝期开始时蓄涝区水位不应超过的水位。由于蓄涝区如湖泊等通常具有供水、灌溉、航运、景观等功能，平常对蓄水位有一定要求。有些湖泊为了增加涝水调蓄能力、减少涝灾发生概率或减轻涝灾程度，在汛期来临之前将水位控制在低于正常蓄水位的汛前限制水位，则起调水位取汛前限制水位。若无汛前限制水位，则起调水位取正常蓄水位。

（2）涵闸泄流能力曲线。

具有自排条件的蓄涝区与承泄区之间通常有涵闸控制连接。当承泄区的水位高于涝区时，关闭闸门避免承泄区洪水倒灌进入蓄涝区；当承泄区水位低于蓄涝区水位时，涝水可通过重力作用由涵闸自流排入承泄区。若涵闸规模一定，则涵闸排水流量的大小与蓄涝水位及闸下水位有关。

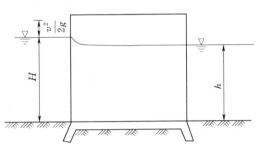

图 3.3-22　平底水闸示意图

不同泄流方式的泄流能力计算公式不同[12]。对于常见的平底闸（见图 3.3-22），可采用下面的宽顶堰公式计算：

$$Q = \sigma\varepsilon mB \sqrt{2g} H_0^{\frac{3}{2}} \atop H_0 = H + \dfrac{v^2}{2g}$$

$$(3.3-45)$$

式中：B 为闸室净宽；H 为闸前水深；v 为闸前行近流速；σ 为宽顶堰淹没系数；ε 为侧收缩系数；m 为流量系数。σ、ε 可从《水闸设计规范》中查到，宽顶堰堰流系数 m 可取 0.385。

当处于高淹没（$h/H_0 \geqslant 0.9$）时，宽顶堰下泄流量也可按式（3.3-46）计算：

$$Q = \psi Bh \sqrt{2g(H_0 - h)} \qquad (3.3-46)$$

式中：h 为下游闸底板以上水深。

$$\psi = 0.877 + \left(\frac{h}{H_0} - 0.65\right)^2 \qquad (3.3-47)$$

根据地形等条件，闸底板高程由水工设计确定。假定一个涵闸宽度 B，根据闸上下游水力条件，若排涝时涵闸下游承泄区水位不变，可计算出涵闸上游水位和下泄流量关系曲线 H-Q。

（3）调节计算。

由式（3.3-44）可得

$$\frac{Q_{t+1}}{2}+\frac{V_{t+1}}{\Delta t}=\frac{q_{t+1}+q_t}{2}+\frac{V_t}{\Delta t}-\frac{Q_t}{2} \tag{3.3-48}$$

式（3.3-48）等式右边入流 q_t、q_{t+1} 和出流 Q_t、库容 V_t 值均为已知项，可以直接计算出来，亦即 $t+1$ 时刻的 $\frac{Q}{2}+\frac{V}{\Delta t}$ 可以由等式右边项计算出来。根据 H-Q 关系和 H-V 关系可计算出 $\left(\frac{Q}{2}+\frac{V}{\Delta t}\right)$-$Q$ 关系曲线（一般称作工作曲线），由 $t+1$ 时刻的 $\frac{Q}{2}+\frac{V}{\Delta t}$ 可查工作曲线得到 Q_{t+1}。

根据一定排涝标准的来水过程，起调水位和工作曲线，进行逐时段水量平衡计算，求出蓄水容积过程 V_t-t、出流量过程 Q_t-t。在调节计算过程中，当蓄涝水位小于等于起调水位时，为保证湖泊等蓄涝区灌溉、供水、航运、景观等其他功能的蓄水要求，需停止排水，此时的排水流量取 0。

当 $\max(V_t, t=1,2,3\cdots) > V_m$（设计蓄涝水位相应容积）时，相应蓄涝水位高于设计涝水位，说明闸室规模偏小，涝水排泄太慢，应加大闸室规模，重新计算 H-Q 曲线，再进行水量平衡计算。

当 $\max(V_t, t=1,2,3\cdots) < V_m$ 时，相应蓄涝水位低于设计涝水位，说明闸室规模偏大，可减小闸室规模，重新计算 H-Q 曲线，再进行水量平衡计算。

当 $\max(V_t, t=1,2,3,\cdots) = V_m$ 时，相应蓄水位即是设计排涝水位 H_m，所对应的排水过程中最大的流量 $Q=\max(q_t, t=1,2,3,\cdots)$，即为设计排涝流量。

在实际计算时，也可建立不同闸室净宽方案与湖内最高水位、水闸最大泄量关系，再由设计涝水位查上述关系线得到设计排涝流量。

【例 3-11】 某涝区地面高程大多在 14.7m 以上，其中涝区下游有一较大蓄涝湖泊（水位容积曲线见图 3.3-23），需按 10 年一遇标准新建一自排闸。根据湖泊综合利用要求，确定汛前限制水位 13.8m，根据地形条件确定湖内设计治涝水位 14.5m，承泄区设计水位为 13.5m，闸底板高程取 10m。已知 10 年一遇入湖来水过程（见表 3.3-9），求自排闸设计排涝流量。

a. 假定一个闸室净宽 $B_1=20$m，根据闸底板高程等指标按式（3.3-45）计算水闸 H-Q 曲线，结合水位容积曲线计算工作曲线（见图 3.3-24）。

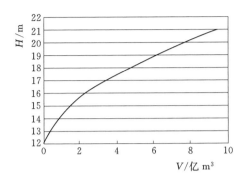

图 3.3-23 某蓄涝区水位-容积曲线图

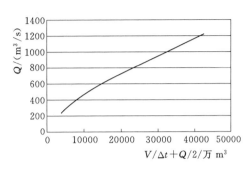

图 3.3-24 水量平衡调节计算工作曲线图

b. 根据 10 年一遇入湖流量过程线、起调水位、工作曲线，按式（3.3 - 48）逐时段水量平衡计算，得到出流过程、湖内蓄水量过程和水位过程（见表 3.3 - 9），得出最高湖水位 14.83m、最大流量 361m³/s。

表 3.3 - 9　　　　　　　某蓄涝湖泊水量调节计算结果表

（闸室总净宽方案：20m）

时段序号 （$\Delta t=6h$）	$q/(m^3/s)$	$V/\Delta t+q/2$	$Q/(m^3/s)$	$V/万\ m^3$	Z/m
1	0	3375.6	0.0	7180	13.80
2	103	3375.5	103.0	7180	13.80
3	102.8	3346.9	102.8	7180	13.80
4	45.7	3330.2	45.7	7180	13.80
5	12.2	3325.3	12.2	7180	13.80
6	2.4	3324.3	2.4	7180	13.80
7	0.4	3324.1	0.4	7180	13.80
8	0	3324.1	0.0	7180	13.80
9	0	3324.1	0.0	7180	13.80
10	0	3324.1	0.0	7180	13.80
11	0	3324.1	0.0	7180	13.80
12	0	3352.1	0.0	7180	13.80
13	56.1	3873.6	56.1	7180	13.80
14	1099	5089.9	239.7	8108	14.00
15	1813	6163.8	306.1	10664	14.40
16	947	6390	352	12934	14.76
17	210	6264	361	13413	14.83
18	260	6123	356	13146	14.79

时段序号 ($\Delta t = 6h$)	$q/(\text{m}^3/\text{s})$	$V/\Delta t + q/2$	$Q/(\text{m}^3/\text{s})$	$V/万\text{m}^3$	Z/m
19	170	5897	350	12848	14.74
20	77.7	5626	341	12370	14.67
21	61.9	5342	329	11797	14.58
22	28.2	5048	317	11197	14.48
23	17.6	4778	304	10576	14.39
24	50.7	4983	290	10008	14.30
25	938.2	5552	301	10438	14.37
26	802	5785	326	11640	14.55
27	315.1	5651	336	12132	14.63
28	89.9	5375	330	11851	14.59
29	17.8	5067	318	11267	14.49
30	1.8	4763	305	10615	14.39

c. 再假定一组闸室底宽，重复上述步骤，可得到相应不同闸室底宽的一组最高湖水位和最大流量。建立闸室净宽与湖内最高水位、水闸最大下泄流量的关系线，如图 3.3-25 所示。

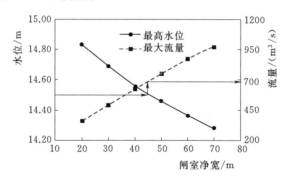

图 3.3-25　最高水位-闸室净宽-最大流量关系图

d. 由设计涝水位 14.5m 查闸室净宽与最高水位关系线，得出设计闸室净宽为 45m，再由闸室净宽与最大下泄流量关系查得最大下泄流量 690m³/s。

3.3.5.3　抽排流量计算

（1）水量调节计算法。

蓄涝区的设计排涝水位确定原则同自排方式。最低运行水位同自排的起调水位。

假定装机抽排流量为 Q。泵站运行时，难以与涵闸一样自由调节流量。涝水上涨阶段，来水小于装机流量时，为了减少频繁开机对泵站造成损害及减少调度操作麻烦，一般要超过起调水位一定数值才开机，这个数值称作起排水位。一旦开机，就会使水位降至起调水位才停机。来水流量小于泵站装机流量时段的调节计算结果，对泵站装机规模基本不会产生影响。因此，为简化计算，当来水量小于装机流量时仍按来水量排出计算。水量平衡计算公式如下：

$$\frac{q_{t+1}+q_t}{2}\Delta t - Q \times \Delta t = (V_{t+1} - V_t) \qquad (3.3-49)$$

根据起调水位、入湖流量过程，按式（3.3-49）逐时段水量平衡调节计算，得到各时段出流过程和湖内蓄水量过程，根据水位容积曲线可算出各时段湖内水位过程。

当 $\max(V_t, t=1, 2, 3, \cdots) > V_m$ 时，蓄涝水位高于设计涝水位，说明装机规模偏小，涝水排泄太慢，应加大装机规模，重新进行水量平衡计算。

当 $\max(V_t, t=1, 2, 3, \cdots) < V_m$ 时，蓄涝水位低于设计涝水位，说明装机规模偏大，可减小装机规模，重新进行水量平衡计算。

当 $\max(V_t, t=1, 2, 3, \cdots) = V_m$ 时，相应蓄水位即是设计排涝水位 H_m，所对应的装机流量即为泵站设计排涝流量。

也可假定一组泵站流量，按上述调节计算方法，求出各泵站流量相应的湖内最高水位，建立泵站流量与最高水位关系线，由设计涝水位查算相应泵站流量。

【例 3-12】 涝区情况及涝区设计涝水位等见本书 3.3.5.2 节中例子。根据规划，该涝区需要按 5 年一遇标准建设抽排站。5 年一遇入湖流量过程线见表 3.3-10，求泵站设计流量。

表 3.3-10 　　　　　　某蓄涝湖泊水量调节计算结果表

（泵站流量：100m³/s）

时段序号（$\Delta t=6h$）	$q/(\text{m}^3/\text{s})$	$Q/(\text{m}^3/\text{s})$	$V/\text{万 m}^3$	H/m
1	0	0	7180	13.80
2	79	79	7180	13.80
3	79.1	79.1	7180	13.80
4	36.4	36.4	7180	13.80
5	9.8	9.8	7180	13.80
6	1.9	1.9	7180	13.80
7	0.3	0.3	7180	13.80
8	0	0	7180	13.80
9	0	0	7180	13.80
10	0	0	7180	13.80

时段序号（$\Delta t=6h$）	$q/(\text{m}^3/\text{s})$	$Q/(\text{m}^3/\text{s})$	$V/$万 m^3	H/m
11	0	0	7180	13.80
12	0	0	7180	13.80
13	44.7	44.7	7180	13.80
14	763	100	8612	14.08
15	1305	100	11215	14.49
16	705	100	12522	14.69
17	159	100	12649	14.71
18	190	100	12844	14.74
19	125	100	12898	14.75
20	56	100	12802	14.73
21	43.7	100	12681	14.72
22	20.2	100	12509	14.69
23	12.4	100	12319	14.66
24	35.3	100	12180	14.64
25	720.2	100	13519	14.85
26	622.5	100	14648	15.02
27	250.8	100	14973	15.06
28	72.6	100	14914	15.05
29	14.4	100	14729	15.03
30	1.8	100	14517	15.00
31	0.2	100	14302	14.97

泵站设计流量在可能范围（如 $100\sim400\text{m}^3/\text{s}$）内假定多个方案。对每个泵站设计流量方案，按式（3.3-49）进行逐时段水量平衡计算，得到泵站排水流量过程、湖内蓄水量过程和湖内水位过程。泵站流量 $100\text{m}^3/\text{s}$ 方案计算成果见表 3.3-10。

从表中可知，当泵站设计流量为 $100\text{m}^3/\text{s}$ 时，湖内最高水位为 15.06m。高于设计涝水位 14.5m。假定泵站不同设计流量方案，计算得到各方案相应的湖内最高水位。建立泵站设计流量与湖内最高水位关系线，如图 3.3-26 所示。由设计涝水位 14.5m 查关系线得到泵站设计流量为 $285\text{m}^3/\text{s}$。

（2）图解法。

对于有较大蓄涝容积的涝区，泵站设计流量也可以采用图解法[13]来确定。仍以上例说明图解法计算步骤：

1) 根据 5 年一遇入湖来水流量过程，做来水量累积曲线，如图 3.3 - 27 中 OABCDE 线所示。

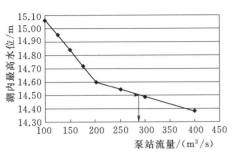

图 3.3 - 26 泵站流量与湖内最高水位关系图

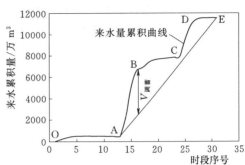

图 3.3 - 27 图解法求泵站设计流量图

2) 根据湖泊的起调水位 13.80m 和设计涝水位 14.5m，分别查水位容积曲线，得到相应的容积分别为 7180 万 m³ 和 11290 万 m³，设计涝水位相应容积减去起调水位相应容积即为涝水调蓄容积 $V_{调蓄}$ = 4110 万 m³。

3) 从 A 点作切线，使水量累积曲线到切线的最大纵向距离等于 $V_{调蓄}$。

4) 计算切线斜率，蓄量单位以立方米计，时间单位以秒计，得 283m³/s。该斜率数值即为泵站设计流量。

水量调节计算法成果与图解法成果基本相同。因此两种方法均可使用。

3.4 不同方法对排涝模数的影响分析

排涝流量计算方法比较繁杂，不同省或地区有不同的使用习惯，即使抽排采用相同的方法，但各省采用的降雨历时和排出时间等级参数各不相同。不同方法或参数计算的排涝模数有差异。下面参考有关成果[14]，采用相同的资料、不同的方法或参数进行比较分析，说明不同方法或参数对排涝模数的影响，以便为协调不同地区治涝计算成果及合理选择计算方法和计算参数提供参考。

3.4.1 不同方法对自排模数的影响分析

淮河流域南四湖湖西平原区有不少跨省河道，具备采用平均排除法、排涝模数公式、单位线和总入流槽蓄演算法进行多种方法比较的条件。大沙河位于南四湖湖西地区，山东省微山县和江苏省丰县、沛县境内，于城子庙北入昭阳湖。河道全长 61km，干流比降 2.7/10000，流域面积 1700km²，是典型的坡地型平原排涝河道。拟分别采用上述 4 种方法，设定不同的控制断面，相应流域面积分别为 50km²、200km²、500km²、1000km² 和 1700km²，计算相应的

3年、5年和10年一遇的设计排涝模数，进行不同方法排涝模数比较分析。

3.4.1.1 设计暴雨和设计净雨

设计暴雨采用大沙河相关工程设计中的成果，不同面积设计暴雨采用暴雨点面折减系数计算，设计净雨采用降雨径流关系计算，不同面积设计净雨成果见表3.4-1。

表 3.4-1 设 计 净 雨 成 果 表

面积 /km²	24h 设计净雨/mm			3d 设计净雨/mm		
	3 年一遇	5 年一遇	10 年一遇	3 年一遇	5 年一遇	10 年一遇
50	41.4	59.6	94.7	47.2	76.4	123
200	40.7	58.8	93.8	46.5	75.6	121
500	40	58	93	45.8	74.8	120
1000	39.4	57.3	92.1	45	74	119
1700	38.9	56.6	87.7	44.3	72.4	115

3.4.1.2 模数计算

（1）排涝模数经验公式法。

山东省南四湖湖西地区排涝模数计算公式：

$$M = 0.031 R_3 F^{-0.25} \qquad (3.4-1)$$

式中：M 为排涝模数；R_3 为3d设计净雨；F 为集水面积。

计算成果见表3.4-2。

表 3.4-2 排涝模数经验公式法计算成果表

面积/km²	不同重现期设计排涝模数/[m³/(s·km²)]		
	3 年一遇	5 年一遇	10 年一遇
50	0.550	0.891	1.434
200	0.383	0.623	0.997
500	0.300	0.49	0.787
1000	0.248	0.408	0.656
1700	0.214	0.350	0.555

（2）单位线法。

根据《江苏省暴雨洪水图集》（1984年），地区综合单位线法参数 $m_2 = 1/2$，$m_1 = 2.25 F^{0.38}$，并根据平原区最大3d设计净雨雨型分配，查算相应的6h时段单位线，进行汇流计算，统计并分析计算最大排涝模数，成果见表3.4-3。

表 3.4-3　　　　　　　　　单位线法计算排涝模数成果表

面积 /km²	不削平头/[m³/(s·km²)]			24h 平头/[m³/(s·km²)]		
	3 年一遇	5 年一遇	10 年一遇	3 年一遇	5 年一遇	10 年一遇
50	0.614	0.994	1.601	0.398	0.644	1.038
200	0.434	0.706	1.129	0.341	0.554	0.887
500	0.323	0.528	0.847	0.282	0.461	0.74
1000	0.266	0.438	0.705	0.243	0.4	0.643
1700	0.217	0.355	0.563	0.205	0.335	0.532

（3）总入流槽蓄法。

根据《江苏省暴雨洪水图集》（1984 年）中总入流槽蓄法查算图表，计算出大沙河不同控制面积不同重现期设计排涝模数，并按照苏北平原区排水流量计算，按 24h 削平头处理后的排涝模数，成果见表 3.4-4。

表 3.4-4　　　　　　　　总入流槽蓄演算法排涝模数计算成果表

面积/km²	不削平头/[m³/(s·km²)]			24h 平头/[m³/(s·km²)]		
	3 年一遇	5 年一遇	10 年一遇	3 年一遇	5 年一遇	10 年一遇
50	0.606	0.981	1.579	0.387	0.626	1.007
200	0.439	0.714	1.142	0.327	0.531	0.851
500	0.344	0.561	0.9	0.278	0.454	0.728
1000	0.279	0.459	0.738	0.238	0.391	0.63
1700	0.236	0.386	0.613	0.208	0.34	0.539

（4）平均排除法。

按 24h 降雨产生的净雨 24h 排除、3d 降雨 3d 排除和 3d 降雨 4d 排除三种情形计算，成果见表 3.4-5。

表 3.4-5　　　　　　　　平均排除法排涝模数计算成果表

面积/km²	排涝模数/[m³/(s·km²)]								
	24h 降雨 24h 排除			3d 降雨 3d 排除			3d 降雨 4d 排除		
	3 年一遇	5 年一遇	10 年一遇	3 年一遇	5 年一遇	10 年一遇	3 年一遇	5 年一遇	10 年一遇
50	0.479	0.69	1.096	0.182	0.295	0.475	0.137	0.221	0.356
200	0.471	0.681	1.086	0.179	0.292	0.467	0.135	0.219	0.35
500	0.463	0.671	1.076	0.177	0.289	0.463	0.133	0.216	0.347
1000	0.456	0.663	1.066	0.174	0.285	0.459	0.13	0.214	0.344
1700	0.45	0.655	1.015	0.171	0.279	0.444	0.128	0.209	0.333

3.4.1.3   成果比较分析

（1）排涝模数经验公式法、总入流槽蓄法、单位线法的计算机结果总体相近。

南四湖湖西区排涝模数经验公式适用范围是大于 $500km^2$。从表 3.4-2～表 3.4-4 及图 3.4-1 可知，流域面积在公式适用范围内，排涝模数经验公式法与考虑槽蓄作用的总入流槽蓄法、单位线法结果总体相近。但当面积小于排涝模数法公式适用范围后，面积越小，排涝模数经验公式法成果偏大越明显。

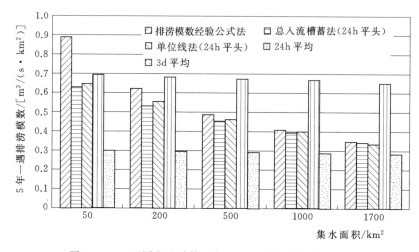

图 3.4-1   不同方法计算 5 年一遇排涝模数成果对比图

（2）单位线法、总入流槽蓄法应当考虑削平头处理。

上述几种方法中，单位线法、总入流槽蓄法有不考虑面上滞蓄作用（不削平头流量）和考虑面上滞蓄作用（24h 削平头流量）两种，结果对比如图 3.4-2 所示。

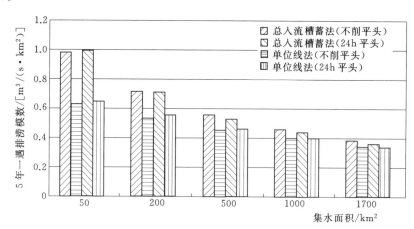

图 3.4-2   总入流槽蓄法、单位线法削峰与不削峰流量模数对比图

一般旱作物可耐淹 1d 时间，水田作物可耐淹 3d。根据 5 年一遇总入流槽蓄法、单位线法削平头与不削平头流量对比，结果显示，不削平头流量比削平头流量大，其中总入流槽蓄法大 14%～57%，单位线法大 6%～54%，面积越小，偏大越多。

　　从既能保证农作物不因涝有明显损失、排水规模又较经济的角度出发，排涝水文计算时应考虑面上滞蓄作用。根据自排流量计算的一般做法，自排洪峰流量按日流量或 24h 平均流量计算，即采用 24h 削平头流量能满足农区排涝要求。

　　（3）平均排除法适用于面积较小的排水区。

　　从图 3.4-1 可知，当流域面积在 50km² 时，24h 平均排除法计算的排涝模数与削平头后的单位线法和总入流槽蓄法结果基本一致。3d 暴雨 3d、4d 排完的平均排除法计算结果比其他方法偏小很多，随排水区面积增大而差异逐步缩小。

　　对于小面积涝区，按平均排除法计算的排涝流量规模，能保证在作物耐淹时间内排除，作物不会有明显损失。考虑工程的经济性，24h 平均排除法适用于旱田为主面积较小的排水区自排流量计算。3d 暴雨 3d 排完可适用于水田为主面积较大的排水区自排流量计算。

　　根据一般规律，平原坡水区河道峰值流量模数随流域面积增大而减小（见图 3.4-3）。平均排除法计算的排涝模数大小仅与设计降水时段内产生的净雨（或排除水量）和设计排除时段长有关，没有考虑流域面积大小的影响，不符合坡水区河道峰值流量模数随流域面积增大而减小的一般规律。因此，该方法不适用于面积较大、以旱田为主的自排流量计算。

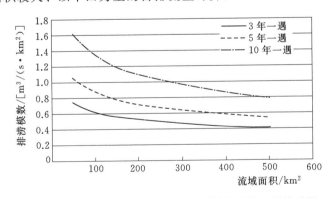

图 3.4-3　某平原地区重现期-自排模数-流域面积关系图

3.4.2　不同抽排参数的影响分析

　　抽排计算中主要有平均排除法和水量平衡法两大类。其中水量平衡法基本公式各地均是一致的，主要是河网及湖泊调蓄等方面存在差异。平均排除法一般用于面积较小的排水区，水量平衡法一般用于水网区或调蓄能力较大的湖泊或水面地区，因此两者没有可比性。平均排除法因受暴雨日数和排除时间、开机时间和滞蓄水深等因素影响，不同参数计算的排水模数差异较大。因此，建议采用不同降雨历时和排出时间参数组合方案进行抽排模数计算，并通过计算田间累积超蓄水量对各方案进行对比分析。

安徽省淮北某涝区的集水面积28km²，涝水排入淮河干流。由于淮干汛期高水位持续时间较长，有时可达1个月左右，因此需要泵站排除涝水。以该洼地为例，分析不同参数对抽排模数的影响。

3.4.2.1 旱地抽排

（1）抽排模数计算。

1）计算方案。

采用平均排除法计算旱地排涝模数时，计算结果受设计降水时间、排除时间、开机时间三个参数的影响较大。因此，设定如下不同组合的排涝方案：

a. 最大24h降雨产生的净雨在24h内平均排除。

b. 最大1d降雨产生的净雨在1d内平均排除。

c. 最大1d降雨产生的净雨在2d内平均排除。

d. 每天开机时间为22h和24h两种组合

2）计算结果。

计算结果见表3.4-6和图3.4-4。其中，24h雨24h排除的模数最大，比1d降雨1d排除的模数大10%左右。

表3.4-6　　　　　　　　　不同组合方案抽排模数计算表

排水方式	开机时间/h	抽排模数/[m³/(s·km²)]			
		3年一遇	5年一遇	10年一遇	20年一遇
24h降雨 24h排除	22	0.83	1.13	1.75	2.25
	24	0.76	1.04	1.60	2.06
1d降雨 1d排除	22	0.75	1.03	1.59	2.04
	24	0.69	0.95	1.46	1.87
1d降雨 2d排除	22	0.38	0.52	0.80	1.02
	24	0.35	0.47	0.73	0.94

1d降雨2d排除的模数是1d降雨1d排除的模数的50%。每天开机时间22h的模数比每天开机24h的模数大8.7%～9.2%。从组合情况看，24h降雨24h排除、日开机时间采用24h的模数与1d降雨1d排除、日开机时间22h的模数基本相同。

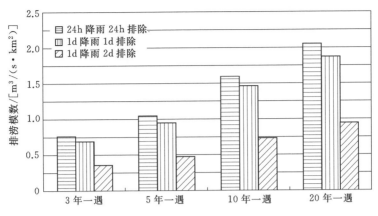

图 3.4-4 旱地不同组合方案抽排模数对比图

根据《泵站设备安装及验收规范》(SL 317—2015),泵站单台机组应当能连续运行 24h 才可验收。根据调查,江苏省江水北调工程多级提水泵站数十年运行情况,单台机组连续正常运行数天甚至数十天十分常见。即使某台机组临时出故障,均有备用机组可以替补。因此泵站机组日运行时间可采用 24h。从偏于安全但又不至于规模过大的角度出发,24h 降雨 24h 排除宜选择日开机时间 24h。由表 3.4-6 可知,多数省区采用 1d 降雨 1d 排除、日开机时间 22h 的参数组合,从抽排模数比较结果分析认为,这种组合也是合适的。

(2)田间累积超蓄水量计算。

1)暴雨过程计算。

采用《安徽省水文手册》最大 24h 暴雨时程分配分区综合成果表作为典型区最大 24h 暴雨时程分配系数,按降雨径流关系计算净雨。据此,计算典型区的 3 年一遇、5 年一遇、10 年一遇和 20 年一遇暴雨产生的净雨过程。

2)田间累积超蓄水量过程。

根据水量平衡原理,田间累积超蓄水量可以由净雨过程与排涝流量计算得出,如图 3.4-5 所示。对某一个时段 $\Delta t = 1h$ 而言,当净雨量与前一时段田间累积超蓄水量之和小于抽排流量时,则全部排除;当净雨量与前一时段田间累积超蓄水量之和大于设计排涝流量,则按设计排涝流量排出,余水则滞蓄在农田中,作为下一时段的田间累积超蓄水量。以此逐时段计算,可以得到田间累积超蓄水量(或蓄水深)过程,计算公式为

$$V_2^i = \max(V_1^i + Q_i \Delta t - q \Delta t, 0) \qquad (3.4-2)$$

式中:V_1^i、V_2^i 为区内第 i 时段初、末的田间累积超蓄水量;Q_i 为第 i 时段净雨量;q 为设计排涝流量。

对 3 年一遇、5 年一遇、10 年一遇和 20 年一遇的降雨按照不同的抽排方

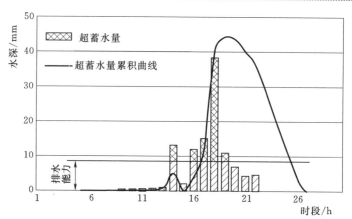

图 3.4-5　田间累积超蓄水量计算示意图

式和开机时间进行计算，确定各种方式下的最大累积超蓄水量和超蓄时间，结果见表 3.4-7。

表 3.4-7　　　　　　　　　不同组合抽排方式超蓄水量结果表

排水 方式	3 年一遇		5 年一遇		10 年一遇		20 年一遇	
	超蓄 时间 /h	最大累计 超蓄水量 /mm	超蓄 时间 /h	最大累计 超蓄水量 /mm	超蓄 时间 /h	最大累计 超蓄水量 /mm	超蓄 时间 /h	最大累计 超蓄水量 /mm
24h 降雨 24h 排除	16	23.2	16	31.7	16	48.9	16	62.8
1d 降雨 1d 排除	16	21.1	16	28.8	16	44.4	16	57.1
1d 降雨 2d 排除	46	31.7	46	43.4	46	67.0	46	86.1

（3）综合分析。

1）根据调查，每天开机约半数省份采用 24h，采用 22h 的省份略少，极少数省份采用 23h。由表 3.4-6 可以得出：开机时间 22h 抽排模数比开机时间 24h 抽排模数大 9.1%。24h 降雨 24h 排除（开机时间 24h）的抽排模数与 1d 降雨 1d 排除（开机时间 22h）的抽排模数十分接近。建议降雨采用 24h 时，开机时间相应采用 24h；降雨时段采用 1d 时，日开机时间采用 22h。

2）24h 降雨 24h 排除的抽排模数比 1d 降雨 1d 排除的抽排模数大 10% 左右，前者超蓄水量比后者的超蓄水量大 10.0%～10.1%，超蓄时间相同。综合比较可知，用年最大 24h 降雨 24h 排除计算的抽排模数较大，但从超蓄水量和超蓄时间上看，两者差别不大。从排涝安全等方面考虑，建议采用 24h 降雨 24h 排除的参数更合适。

3）1d 降雨 1d 排除比 1d 降雨 2d 排除计算的抽排模数大 100% 左右，前者超蓄水量比后者小 33.4%～33.7%，超蓄时间少 30h。从抽排模数、超蓄水量和超蓄时间上看，两者差别较大。建议根据各地作物生长习性、耐淹特性和经济性合理选取参数。

3.4.2.2　水田抽排模数比较

采用平均排除法计算水田排涝模数时，计算结果除了受设计降水历时、排除时间、开机时间三个参数的影响外，还与水田滞蓄水深相关。以安徽沿江某涝区为例，该涝区为水田区，沟塘率取 10%，沟塘可调蓄水深取 0.5m。设计暴雨采用该区附近代表站设计暴雨成果，其中 3d 暴雨量以 24h 暴雨按《安徽水文手册》长短时段暴雨指数折算。设定如下不同组合的排涝计算方案：

（1）降水时段和排除时间设四个组合方案：

1）2d 降雨 2d 排完。

2）2d 降雨 3d 排完。

3）3d 降雨 3d 排完。

4）3d 降雨 5d 排完。

水田滞蓄水深设 20mm、40mm 和 60mm 三个方案。

（2）结果分析。

抽排模数计算结果见表 3.4-8 和图 3.4-6。由表 3.4-8 和图 3.4-6 可知：

表 3.4-8　　　　　不同组合方案抽排模数计算表

排水方式	滞蓄水深/mm	抽排模数/[m³/(s·km²)]		
		3 年一遇	5 年一遇	10 年一遇
2d 降雨2d 排除	20	0.35	0.58	0.89
	40	0.23	0.46	0.78
	60	0.12	0.35	0.66
2d 降雨3d 排除	20	0.20	0.36	0.57
	40	0.13	0.28	0.49
	60	0.05	0.20	0.41
3d 降雨3d 排除	20	0.32	0.50	0.74
	40	0.24	0.42	0.66
	60	0.16	0.34	0.58
3d 降雨5d 排除	20	0.15	0.26	0.41
	40	0.11	0.22	0.36
	60	0.06	0.17	0.32

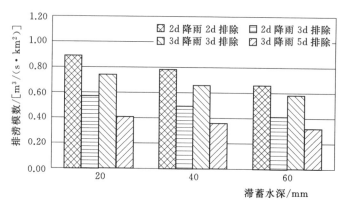

图 3.4-6 水田不同组合方案 10 年一遇抽排模数比较图

1）降雨时段和排除时段的长短对排水模数影响大。以标准 10 年一遇排涝模数为例，2d 降雨 2d 排除模数最大，是 3d 降雨 5d 排除模数的 2 倍以上。降水时段小、排除时间长，排水模数就小。比较 2d 降雨 2d 排完与 3d 降雨 3d 排完，两者模数的差别相对小些，前者一般是后者的 0.95～1.2 倍。

2）水田滞蓄水深的影响也比较明显。以 10 年一遇 3d 降雨 3d 排完为例，滞蓄水深 20mm 相应排涝模数为 0.74m³/(s·km²)，比滞蓄水深 40mm 和 60mm 的排涝模数分别大 12％和 28％。且排涝标准越低，这种差别越大。3 年一遇滞蓄水深 20mm 的排水模数比滞蓄水深 40mm 和 60mm 的排水模数分别大 33％和 100％。

3）大多数地区的次降雨时段长度在 2～4d，各地有所差别，与当地的降水特性相关；不同水稻品种的耐淹能力不同[15]，涝水排除时间与作物的耐淹习性有关；水田滞蓄水深与作物种植习惯有关。为经济合理确定排涝规模，应根据各地降水特性、作物耐淹习性、种植习惯等合理确定设计降水历时、排除时间和水田滞蓄水深。

3.5 山丘平原混合区排涝流量计算

涝区面积通常是指雨水过多、地面常形成积水的低洼地。有些涝区不仅有涝区本地产生的涝水，还有部分山丘或岗地的雨水汇入该涝区，需通过涝区内的排水河道排出，如图 3.5-1 所示，断面 A 以上为山丘区，断面 A 到断面 B 之间为平原区。这种山丘平原混合区通常出现在山前平原区、浅山丘陵平原混合区、山谷平原圩区等。在涝区设计排涝流量计算时，则必须同时考虑涝区自身产生的涝水和山丘区部分来水。

流域产流特性与下垫面条件如地形、土壤、植被等关系密切。由于流域下垫面条件的不均匀性，山丘区与平原区产汇流特性不同，各省编制的暴雨洪水图集或水文手册中，按下垫面类型划分成若干产流分区，各分区分别建立产流计算方案。当设计流域跨不同的产流分区如山丘区和平原区时，应当按产流分区分别进行产流计算。

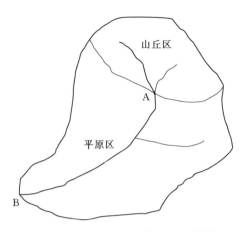

图 3.5-1 山丘平原混合区示意图

通常山丘区汇流快、洪峰流量大，而平原地区则相反。因此，这两种下垫面类型的汇流特性有较大差别，不能简单地统一采用平原区的方法或山丘区的方法计算。有些省（直辖市）对山丘、平原混合区单位线汇流计算进行了参数地区综合，有些省（直辖市）则没有。对于没有山丘平原混合区综合单位线参数的地区，可将山丘区和平原区分别进行产汇流计算，然后分别汇流演算到设计断面合成流域的流量过程线，得到设计断面的设计流量（简称"分区产汇流合成法"）。

面积较小的山丘平原混合区如山谷平原圩区等，圩区内保护对象以农作物为主时，也可采用平均排除法计算。

3.5.1 山区平原混合区综合单位线法

由于有些水文测站控制的流域一部分是山丘区、一部分是平原区，测得的流量也是山丘平原混合的流量。在地区综合时有两种处理办法，一种是将平原面积所占全流域面积比例作为单位线参数之一进行地区综合，另一种是考虑地形分类进行地区综合。

（1）考虑平原区面积比例地区综合。

有些省在单位线参数率定时，将平原区面积占全集水区面积比例作为参数之一进行地区综合。在使用时，根据常规的流域特征值及山丘或平原区面积所占比例，得到山区平原地区混合单位线参数，从而获得不同山丘区和平原区面积比例流域的汇流单位线，再根据设计净雨计算设计流量。例如，山东省水文图集中，瞬时单位线地区综合法参数 M_1 和 M_2 的系数与平原区所占全流域面积比例建立了关系：

$$M_1 = KF^{0.33}J^{-0.27}R^{-0.20}t^{0.17} \tag{3.5-1}$$

$$M_2 = 0.34M_1^{-0.12} \tag{3.5-2}$$

式中：F 为流域面积，km^2；J 为河道干流坡降；R 为设计净雨深，mm；t 为净雨历时，h；K 为系数，一般山丘平原混合区由表 3.5-1 查得。

表 3.5-1　　　　　　　　　　　　　山丘平原混合区 K 值表

占全流域面积 百分数/%	平　原　区						山丘区
	≤70	60	50	40	30	20	
K	0.27	0.258	0.246	0.233	0.221	0.208	0.196

（2）分地型地区综合。

另外一些省份在地区综合时，当水文测站上游是山区和平原混合区时，认为平原区所占比例大，干流坡降就小；平原区面积比例小，干流坡降就大。干流坡降可综合反映地形情况。因此干流坡降一定程度反映山区平原混合程度。如《江苏省暴雨洪水图集》（1984 年）中苏北山丘区、山丘平原混合区和平原区分别进行地区综合。其中苏北山丘平原混合区：

$$M_1 = \begin{cases} 4.3 \left(\dfrac{F}{J} \right)^{0.28}, & P > 5\% \\ 3.2 \left(\dfrac{F}{J} \right)^{0.28}, & P \leqslant 5\% \end{cases} \qquad (3.5-3)$$

$$M_2 = \frac{1}{3} \qquad (3.5-4)$$

式中：P 为设计暴雨频率；其余符号同式（3.5-1）和式（3.5-2）。

3.5.2　分区产汇流合成法

对于没有山丘平原混合区单位线的地区，但分别有山丘区和平原区的产汇流计算方法时，可将整个汇水区分成山丘区和平原区若干个计算单元，根据流域地形分别确定山丘区面积和平原区面积及相关产汇流计算参数，分别进行产汇流计算，然后通过河道汇流演算至设计断面。

例如河南省面积在 $10 \sim 200 km^2$ 之间的山丘区流域，采用推理公式法计算洪峰流量，按三角形叠加法计算流量过程；面积大于 $200 km^2$ 的山丘区采用单位线法进行汇流计算；平原区采用排涝模数经验公式法、概化排涝模数过程线计算平原区流量过程线。山丘区流量过程经河道汇流后与平原区流量过程叠加后，得到山丘平原混合区的设计流量过程及设计排涝流量。

大多河道缺乏实测洪水资料分析河道汇流参数。可根据马斯京根-康吉法（Muskingum - Cunge）推求河道演算参数：

$$K = \frac{L}{c} \qquad (3.5-5)$$

$$x = \frac{1}{2} - \frac{l}{2L} \tag{3.5-6}$$

$$l = \frac{Q}{i_0}\left(\frac{\mathrm{d}H}{\mathrm{d}Q}\right) \tag{3.5-7}$$

$$c = \frac{\mathrm{d}Q}{\mathrm{d}A} \tag{3.5-8}$$

式中：L 为干流河长；i_0 为水面坡降；K 为洪水传播时间；l 为抵偿河长；c 为洪水传播波速；Q 为流量；H 为水位；A 为河道断面过水面积。

具体计算步骤如下：

（1）选取河道若干代表断面。

（2）对每个断面采用曼宁公式计算水位流量关系 H-Q、水位和过水断面面积关系 H-A。

（3）选取代表流量 Q_0。考虑排涝流量量级精度要求，宜取该河段平槽水位，查 H-Q 关系得到相应的流量，作为代表流量。对于地势较低的河段，设计涝水位可能高出地面较多，此时，可根据经验，估计设计治涝水位可能量级，选定一个代表水位，查 H-Q 关系得到相应的流量，作为代表流量。

（4）根据 H-Q 和式（3.5-7）计算特征河长。水面坡降为稳定流状态下的水面比降，可用河道平均坡降代替。

（5）根据 H-A、H-Q 关系曲线和式（3.5-8）计算洪水传播速度，再由式（3.5-5）计算 K、式（3.5-6）计算 x。计算各代表断面 K 和 x 的平均值，即为该河段马斯京根演算参数。

3.5.3　山区平原混合区的平均排除法

山谷平原圩区一般集水面积较小，涝水汇流时间比较短，一般一天左右基本能排出涝区。尽管山丘区短历时洪峰流量会比较大，但农作物可耐淹一定的时间，当山丘区来水比较分散，圩区面上滞蓄涝水能力足够大时，不必以短历时洪峰来确定涝区的排涝规模，可采用平均排除法来计算排涝流量。在产流计算时需根据地形条件，结合各省有关计算规定，分山丘区和平原区分别进行产流计算。对于一般农区常采用 24h 降水所产生的净雨 24h 排出，对于经济价值相对较高的作物，可取较短的时段排出，具体时段要根据经济作物的耐淹特性决定。计算公式如下：

$$Q = \frac{F_s R_s + F_p R_p}{3.6T} \tag{3.5-9}$$

式中：Q 为排涝流量，$\mathrm{m^3/s}$；F_s、F_p 分别是山丘区、平原区集水面积，$\mathrm{km^2}$；R_s、R_p 为分别是山丘区、平原区净雨深，mm；T 为涝水排出时间，h。

3.6　撇洪沟设计流量计算

撇洪沟是在涝区周边地势相对较高的位置开挖排水沟道，拦截山丘或岗地产生的洪水，并直接导入承泄河道，使高地洪水不再进入地势较低涝区的一种治涝措施。撇洪沟主要适用于山丘平原混合区，形成高水高排、低水低排这种分区排水的格局，降低涝区受灾概率和涝灾损失。

撇洪沟一般集水面积相对较小。小流域设计洪水计算的主要特点是：①流域面积小，缺乏实测径流和降雨资料；②地形以山丘区和丘岗区为主，自然地理条件趋于单一，集水区域地势高、流域坡度相对较大；③撇洪沟主要受洪峰流量控制。根据上述特点，山丘区小流域设计洪水计算常用的方法主要有推理公式法、单位线法，也有一些地区采用经验公式法计算。单位线法和推理公式法参见本书第 3 章和第 5 章，下面简要介绍经验公式法：

经验公式有多种形式[16]。这些经验公式是根据本地区水文资料、设计洪水成果及其他相关资料归纳总结出来的，有一定的实用性，计算简便，主要有：

$$Q_{mp} = C_p F^n \qquad (3.6-1)$$

$$Q_{mp} = C R_{tp}^a F^n \qquad (3.6-2)$$

$$Q_{mp} = C R_{tp}^a F^n J^m \qquad (3.6-3)$$

式中：Q_m 为设计洪峰流量；F 为流域面积；R 为净雨量；J 为河道坡降；p 为频率；t 为降雨历时；C 为综合系数；α 为暴雨特征指数；n、m 为流域特征指数。

一些省根据各自的经验和习惯，制定了适用于本省的经验公式及不同地区的参数。经验公式参数有很强的地域性，不能任意移用到其他地区。例如，安徽省淮河以南山丘区集水面积在 10km^2 以下的撇洪沟设计流量，采用如下经验公式计算：

$$Q = C R^{1.23} F^{0.75} \qquad (3.6-4)$$

式中：Q 为洪峰流量，m^3/s；C 为地形参数，深山区、浅山区、高丘区和浅丘区分别取 0.0541、0.0285、0.0239 和 0.0194；R 为年最大 24h 降雨所产生的净雨量，mm；F 为集水区面积，km^2。

式（3.6-4）形式与平原区排涝模数公式形式虽然相同，但系数 C 考虑了不同地形的差异。另外，平原排水区 R 采用 3d 降雨所产生的净雨，撇洪沟通常集水面积较小，多采用 24h 降雨所产生的净雨，并且净雨量 R 的指数平原区小山丘区大。如淮河流域淮北平原区净雨 R 的指数为 1，而山丘区 R 的指数则为 1.23。

【例 3-13】 淮河南岸某支流一圩区需修建撇洪沟，已知该地区属于浅丘区，撇洪沟集水面积 $3.5km^2$，求 10 年一遇设计排涝流量。

根据该省暴雨等值线图，查得 24h 暴雨均值为 100mm，$C_v = 0.52$，$C_s = 3.5C_v$。经计算，10 年一遇设计暴雨 168mm，按当地使用的产流计算方法计算净雨得 $R = 88mm$。浅丘区系数 C 取 0.0194。根据式（3.6-4）计算得 10 年一遇设计洪峰流量为 $12.2m^3/s$。

思 考 题

1. 为什么设计排涝流量通常采用设计暴雨间接计算，而不是采用实测流量资料直接计算？

2. 设计暴雨计算有哪几种方法？采用暴雨等值线图计算设计面暴雨时应注意哪几个方面的问题？

3. 产流计算有哪几种方法？各种方法的特点和适用范围有何不同？

4. 排涝模数经验公式法的基本原理、适用洼地类型和适用范围是什么？参数率定时对采用的实测水文资料有哪些要求？

5. 平均排除法有哪几种类型，特点和适用条件是什么？

6. 农区采用单位线法和总入流槽蓄演算法计算的流量应如何处理，为什么？

7. 为什么排涝模数经验公式法、单位线法和总入流槽蓄演算法不适用于计算设计抽排流量？

8. 山丘平原混合区的治涝水文计算方法有几种？

9. 什么是撇洪沟，有什么特点？撇洪沟设计流量计算通常采用什么方法？

参 考 文 献

［1］ 中华人民共和国水利部. 治涝标准：SL 723—2016 [S]. 北京：中国水利水电出版社，2016.

［2］ 中华人民共和国水利部. 水利水电工程设计洪水计算规范：SL 44—2006 [S]. 北京：中国水利水电出版社，2006.

［3］ 金光炎. 水文水资源应用统计计算 [M]. 南京：东南大学出版社，2011.

［4］ 水利部长江水利委员会水文局，水利部南京水文水资源研究所. 水利水电工程设计洪水计算手册 [M]. 北京：水利电力出版社，1995.

［5］ 廖松，王燕生，王路. 工程水文学 [M]. 北京：清华大学出版社，1991.

［6］ 雒文生，宋星原. 工程水文学及水利计算 [M]. 2 版. 北京：中国水利水电出版社，2014.

[7] 王国安，贺顺得，崔鹏. 排涝模数法的基本原理和适用条件 [J]. 人民黄河，2011，33（2）.

[8] 水利电力部治淮委员会. 治淮汇刊：第七辑 [Z]. 1981.

[9] 费永法，王希之，王德智，等. 淮北平原治涝水文研究与复核报告 [R]. 蚌埠：中水淮河规划设计研究有限公司，2013.

[10] 丁一汇，张建云，等. 暴雨洪涝 [M]. 北京：气象出版社，2010.

[11] 江苏省水文总站. 江苏省暴雨洪水图集 [Z]. 1984.

[12] 刘志明，王德信，汪德爟. 水工设计手册 第1卷 基础理论 [M]. 2版. 北京：中国水利水电出版社，2011.

[13] 雷声隆，丘传忻，郭宗楼. 排涝工程 [M]. 武汉：湖北科学技术出版社，2000.

[14] 费永法，王德智，李臻，等. 我国不同地区治涝水文计算方法分析评价报告——水利部公益性行业科研专项，治涝标准及关键技术研究专题二 [R]. 中水淮河规划设计研究有限公司等，2015.

[15] 夏加发，李泽福，马廷臣，等. 安徽省一季中籼稻分蘖期耐淹能力评估 [J]. 安徽农业科学，2011，39（36）.

[16] 长江流域规划办公室水文处，水利工程实用水文水利计算 [M]. 北京：水利出版社，1983.

4   模型法计算排涝流量

常规的平原治涝水文计算方法可以解决一般平原涝区治涝水文计算问题。对于大型水网区的排水问题，由于受河网调蓄、河道排水出路、排水方式、排水能力及排水设施控制运用调度等影响，沿江、沿海地区河道排水出口还受潮水顶托，影响排涝流量的因素十分复杂，常规的治涝水文计算办法难以考虑诸多复杂因素的影响，往往需要建立比较复杂的水力学模型来计算。

对于坡水区平原，排涝模数经验公式法通常适用于集水面积在数十至数千平方公里之间的排水河道，但淮北平原或海河流域平原排水河道的集水面积常超过经验公式的适用范围，排涝水文计算受到限制，或有些平原坡水区产汇流条件特殊，一般方法难以满足排涝流量计算的精度要求，或有其他特殊需要的情况等，也可采用水文模型的方法计算。

4.1   河网水力学模型

对于一些比较复杂的水网区平原涝区，由于河道相互连通、水流流向不定、涝水出路多。一定标准的暴雨，每个出口排多大流量，除与涝区集水面积大小有关外，还与涝区内河网分布、河道过流能力、排水工程规模等有关，常规计算方法难以解决这类涝区的排涝流量计算问题。一维水力学模型可以考虑上述诸多因素的影响，适合用来分析计算这类涝区的排涝问题。

4.1.1   一维水力学模型基本形式

水网是由不同的河段组合形成的排水系统，各河段水流运动可以用最基本的一维明渠不稳定流圣维南方程组描述：

$$\left.\begin{array}{l} \dfrac{\partial A}{\partial t} + \dfrac{\partial Q}{\partial x} = q \\[2mm] \dfrac{\partial Q}{\partial t} + \dfrac{\partial}{\partial x}\left(\dfrac{\alpha Q^2}{A}\right) + gA\,\dfrac{\partial h}{\partial x} + g\,\dfrac{Q|Q|}{C^2 AR} = 0 \end{array}\right\} \tag{4.1-1}$$

式中：A 为过水断面面积；Q 为河道流量；q 为河道旁侧入流；h 为水位；t 为时间；x 为距离；g 为重力加速度；R 为水力半径；C 为谢才系数；α 为动

量校正系数，是反映河道断面流速分布均匀性的系数。

4.1.2　方程组求解方法

圣维南基本方程是一双曲型偏微分方程组，除了某些特殊情况及简化情况（如棱柱形恒定流情况等）可写出其解析解外，该方程组用现有数学理论得不出解析解，一般都采用数值求解。有限元差分方法（以下简称"差分法"）是数值求解偏微分方程组的一种常用的方法，主要有显式差分法和隐式差分法两大类。所谓显式差分法是指若已知某一时间 j 的变量（如水位、流量等），就可由差分方程直接计算出时间 $j+1$ 的变量。隐式差分是指难以从某一时间 j 的变量由差分方程直接计算出时间 $j+1$ 的变量，需要联立时间 j 和 $j+1$ 差分方程组，才能求解 $j+1$ 时间的各变量。

陈大宏等[1]认为，显式差分法简单、易于理解，便于编制计算程序，但显式差分法要求时间步长小，需满足柯朗（Courant）稳定条件，是有条件稳定解。隐式差分法从理论上讲是无条件稳定的，可以取较大的时间步长，但求解比较复杂。随着计算机技术水平的提高，采用隐式差分法计算大型复杂河网不稳定流已比较普遍。

4.1.2.1　显式差分法

显式差分格式有多种形式，下面介绍常见的几种格式（见图 4.1－1），其中 j 表示时间坐标，i 表示空间距离坐标。

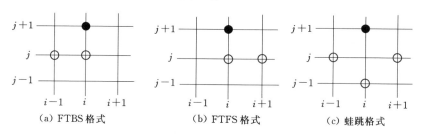

图 4.1－1　几种显式差分格式图示

（1）方程在点 (i, j) 采用时间向前，空间向后的差分格式，简称 FTBS格式。设 f 为任一变量（如水位或流量等），则 FTBS 差分表达式为

$$\left.\begin{aligned}\frac{\partial f}{\partial t} &= \frac{f_i^{j+1} - f_i^j}{\Delta t} \\ \frac{\partial f}{\partial x} &= \frac{f_i^j - f_{i-1}^j}{\Delta x}\end{aligned}\right\} \tag{4.1-2}$$

（2）方程在点 (i, j) 采用时间、空间均向前的差分格式，简称 FTFS格式：

$$\left.\begin{array}{l} \dfrac{\partial f}{\partial t}=\dfrac{f_i^{j+1}-f_i^j}{\Delta t} \\[3mm] \dfrac{\partial f}{\partial x}=\dfrac{f_{i+1}^j-f_i^j}{\Delta x} \end{array}\right\} \tag{4.1-3}$$

（3）方程在点 (i, j) 采用时间、空间均为中心的差分格式，简称蛙跳格式：

$$\left.\begin{array}{l} \dfrac{\partial f}{\partial t}=\dfrac{f_i^{j+1}-f_i^{j-1}}{2\Delta t} \\[3mm] \dfrac{\partial f}{\partial x}=\dfrac{f_{i+1}^j-f_{i-1}^j}{2\Delta x} \end{array}\right\} \tag{4.1-4}$$

柯朗数 $\eta=C\dfrac{\Delta t}{\Delta x}$，$C$ 为波速。王船海等人[2]论证了各种差分格式的稳定条件。其中 FTBS 格式的稳定条件是 $0\leqslant\eta\leqslant1$，FTFS 格式和蛙跳格式的稳定条件是 $-1\leqslant\eta\leqslant1$。

对于圣维南方程组，采用比较常用的蛙跳格式进行差分的表达式如下：

$$\left.\begin{array}{l} B_i^j\dfrac{Z_i^{j+1}-Z_i^{j-1}}{2\Delta t}+\dfrac{Q_{i+1}^j-Q_{i-1}^j}{2\Delta x}=q_i^j \\[4mm] \dfrac{Q_i^{j+1}-Q_i^{j-1}}{2\Delta t}+\dfrac{\left(\dfrac{Q^2}{A}\right)_{i+1}^j-\left(\dfrac{Q^2}{A}\right)_{i-1}^j}{2\Delta x}+gA_i^j\dfrac{Z_{i+1}^j-Z_{i-1}^j}{2\Delta x}+g\left(\dfrac{Q|Q|}{C^2AR}\right)_i^j=0 \end{array}\right\} \tag{4.1-5}$$

根据式（4.1-5），可分别得到 Z^{j+1} 和 Q^{j+1} 与 j 时刻的显式表达式：

$$\left.\begin{array}{l} Z_i^{j+1}=Z_i^{j-1}-(Q_{i+1}^j-Q_{i-1}^j)\dfrac{\Delta t}{\Delta x B_i^j}+q_i^j\dfrac{2\Delta t}{B_i^j} \\[4mm] Q_i^{j+1}=Q_i^{j-1}-\left[\left(\dfrac{Q^2}{A}\right)_{i+1}^j-\left(\left(\dfrac{Q^2}{A}\right)_{i-1}^j\right)\right]\dfrac{\Delta t}{\Delta x}-2\Delta t\left[gA_i^j\dfrac{Z_{i+1}^j-Z_{i-1}^j}{2\Delta x}+g\left(\dfrac{Q|Q|}{C^2AR}\right)_i^j\right] \end{array}\right\} \tag{4.1-6}$$

由式（4.1-6）可逐步求解得到不同时段不同空间节点的水位和流量过程。

对于有支流汇入的河段（见图 4.1-2），则可增设虚拟河段 $\Delta x=0$，则基本方程为

$$\left.\begin{array}{l} Z_i=Z_{i+1}=Z_f \\ Q_i+Q_f=Q_{i+1} \end{array}\right\} \tag{4.1-7}$$

对于有支流分汊情况（见图 4.1-3），则可增设虚拟河段 $\Delta x=0$，则基本方程为

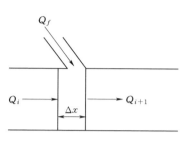

图 4.1-2　支流汇入节点示意图

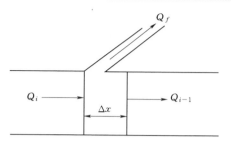

图 4.1-3　支流分汊节点示意图

$$\left.\begin{array}{l} Z_i = Z_{i+1} = Z_f \\ Q_i - Q_f = Q_{i+1} \end{array}\right\} \qquad (4.1-8)$$

有多汊河道以此类推。分汊河道节点处理方法同样也适用于其他格式的差分方程。

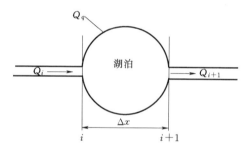

图 4.1-4　湖泊等水面调节节点示意图

对于有调蓄湖泊等（见图 4.1-4），则可在湖泊的进出口处增设调蓄节点。若湖泊等调蓄水面不大，长度不长时，则可假定断面 i 及 $i+1$（出口上断面）处水位相同，基本方程如下：

$$\left.\begin{array}{l} Z_i = Z_{i+1} \\ Q_i + Q_q - Q_{i+1} = \dfrac{\mathrm{d}V}{\mathrm{d}t} \end{array}\right\} \qquad (4.1-9)$$

式中：Z_i、Z_{i+1} 为湖泊进出口断面（湖内）水位；Q_i、Q_q 分别为河道入湖和湖泊区间入湖流量；Q_{i+1} 河道出湖流量，根据出湖形式及湖泊出口断面上、下游水位与出流量关系确定；V 为湖泊蓄水量，由湖泊水位-蓄水容积关系 $V=f(Z)$ 确定。

4.1.2.2　隐式差分法

隐式差分法也有多种格式，比较常见的有 Preissmann 法、Abbott 法等。这两种方法简介如下：

（1）Preissmann 隐式差分法。

Preissmann 法是比较常见的一类差分方法，其四点隐式差分法离散步长格式如图 4.1-5 所示，其中 Δx 表示水流距离步长，Δt 为时间步长。对于点 m 的 f 有

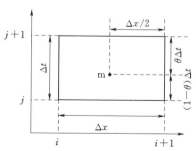

图 4.1-5　四点差分离散形式

$$f \mid_m = \frac{\theta}{2}(f_{i+1}^{j+1} + f_i^{j+1}) + \frac{1-\theta}{2}(f_{i+1}^j + f_i^j)$$

$$\frac{\partial f}{\partial x}\Big|_m = \theta\left(\frac{f_{i+1}^{j+1} - f_i^{j+1}}{\Delta x}\right) + (1-\theta)\left(\frac{f_{i+1}^j - f_i^j}{\Delta x}\right) \quad\quad (4.1-10)$$

$$\frac{\partial f}{\partial t}\Big|_m = \frac{f_{i+1}^{j+1} + f_i^{j+1} - f_{i+1}^j - f_i^j}{2\Delta t}$$

式中: f 为代表变量 Q 或 h 的变量; θ 为权重系数,由线性化稳定性分析[2-3]可知,$0.5 \leqslant \theta \leqslant 1$ 为无条件稳定; $\theta < 0.5$ 时为有条件稳定。通常 θ 取大于 0.5。

将式(4.1-1)用式(4.1-10)各元素差分格式代入,可得到圣维南方程组的隐式差分方程组。通过迭代计算联解方程组可获得各网格节点水位和流量过程。

(2) Abbott 隐式差分法。

Abbott 六点隐式差分法[4]比较复杂,但该格式无条件稳定,可以在相当大的柯朗数下保持计算稳定,可以取较长的时间步长。在大型水利计算和环境分析综合性模型 MIKE 中,一维模型 MIKE11 使用了该差分格式。

该差分格式在每一个网格点并不同时计算水位和流量,而是按顺序交替计算水位或流量,分别称为 Z 点和 Q 点(见图 4.1-6、图 4.1-7)。则连续方程的差分格式表达式为

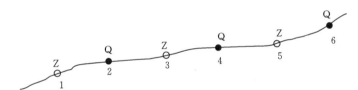

图 4.1-6 Abbott 格式水位、流量节点布置图

Z—计算水位节点;Q—计算流量节点

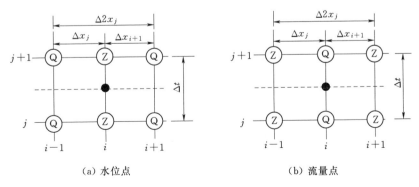

(a) 水位点　　　　　　　(b) 流量点

图 4.1-7 Abbott 六点中心差分格式

$$\frac{\partial Q}{\partial x} = \frac{1}{x_{i+1}-x_{i-1}} \left[\frac{Q_{i+1}^{j+1}+Q_{i+1}^{j}}{2} - \frac{Q_{i-1}^{j+1}+Q_{i-1}^{j}}{2} \right]$$

$$\frac{\partial Z}{\partial t} = \frac{Z_i^{j+1}-Z_i^{j}}{\Delta t} \qquad\qquad (4.1-11)$$

$$B = \frac{B_{i-1}^j+2B_i^j+B_{i+1}^j}{4}$$

动量方程的差分格式为

$$\frac{\partial Q}{\partial t} = \frac{Q_{i-1}^{j+1}-Q_{i-1}^{j}}{\Delta t}$$

$$\frac{\partial \left(\frac{Q^2}{A}\right)}{\partial x} = \frac{1}{x_{i+1}-x_{i-1}} \left[\frac{\left(\frac{Q^2}{A}\right)_{i+1}^{j+1}+\left(\frac{Q^2}{A}\right)_{i+1}^{j}}{2} - \frac{\left(\frac{Q^2}{A}\right)_{i-1}^{j+1}+\left(\frac{Q^2}{A}\right)_{i-1}^{j}}{2} \right]$$

$$\frac{\partial Z}{\partial x} = \frac{1}{x_{i+1}-x_{i-1}} \left[\frac{Z_{i+1}^{j+1}+Z_{i+1}^{j}}{2} - \frac{Z_{i-1}^{j+1}+Z_{i-1}^{j}}{2} \right] \qquad (4.1-12)$$

$$A = \frac{A_i^{j+1}+A_i^{j}}{2}$$

$$|Q|Q = |Q|_i^j Q_i^{j+1}$$

$$C^2AR = \frac{(C^2AR)_i^{j+1}+(C^2AR)_i^{j}}{2}$$

将式（4.1-11）、式（4.1-12）代入式（4.1-1），可得到圣维南方程组的 Abbott 隐式差分方程组。经联解方程组可获得节点的水位或流量过程。

MIKEll 河流模型是 MIKE 软件中的子系统，其核心是利用 Abbott 六点隐式格式求解一维河流非恒定流方程组，还可处理分汊河道、环状河网以及冲积平原的准二维水流模拟。MIKE11 是一个结构清晰、界面友好、应用广泛的模型系统，可以被广泛地应用于河口、河流、河网等的水流模拟。复杂水网区排涝流量计算问题，可利用这类模型解决。

4.1.3 应用实例

某水网区域地势低平、河网纵横交叉。由于该水网区水流相互连通、涝水出路多且河道出口受潮汐影响，与树状河道的排涝特性明显不同，采用常规的计算方法难以解决区内排涝问题，需采用水动力学模型法系统分析解决。本实例采用比较成熟的商业化软件 MIKE11 计算该地区的排涝流量。

4.1.3.1 分区产汇流计算

该水网区来水主要由当地降雨产生。通常按相对独立汇入河网的区域（如独立的圩区、相对独立的汇流水系等）划分为产汇流分区，根据暴雨计算进入河网的来水过程。考虑降雨、地形及河流水系的差别，将该涝区分为 A、B、C 三片，共 62 个产流分区，如图 4.1-8 所示。

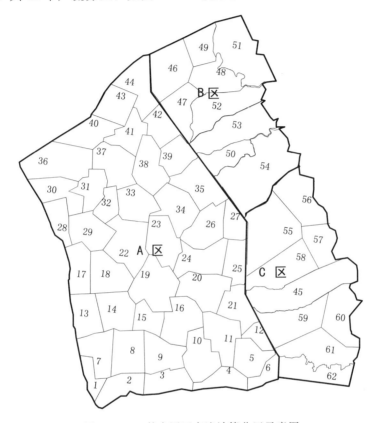

图 4.1-8　某水网区产流计算分区示意图

（1）产流计算。

根据各分区内旱地、水田、水面和建设用地等地类分别采用不同的方法进行逐时段产流计算，并按各地类面积加权计算各分区的产流过程。对于面积较小的分区，将净雨直接转换为流量过程，面积较大的分区通过汇流计算得到分区流量过程，具体产流计算方法可参见本书 3.2 节。结合当地特点及计算要求进行细化，也可采用适合当地的水文模型计算。本例中水面采用降雨扣除蒸发计算，水田考虑耐淹水深、蒸发、渗漏等参数逐时段进行水量平衡计算，旱地和建设用地采用蓄满产流模型计算。考虑到建设用地不透水面积所占比重要远大于旱地，因此在用蓄满产流模型计算建设用地的产流时，通过不透水面积比例系数来考虑不透水面积对建设用地这类下垫面的产流影响。

（2）汇流计算。

汇流计算分为圩区与非圩区两种情况分别采用不同的方法计算：圩区汇流按水量平衡计算，非圩区使用经验汇流曲线计算。

1）圩区汇流。

该水网区共有 57 片圩区。当外河水位高于圩内水位时，圩区内降雨产生的径流量，需要依靠排涝动力排出。按照产生的净雨、圩区的排涝能力进行逐时段水量平衡计算。当某时段圩区内的蓄水量与产生的径流量之和大于排水能力时，排出水量按排水能力计算，超过圩区排涝能力的剩余部分产流量将先留在圩内，留待下一时段水量平衡计算；当圩区内的蓄水与时段产生的径流之和小于排水能力时，按圩区蓄水量和时段净雨量之和排出。

当圩内水位高于圩外河网水位时，可通过排水涵闸排出。圩区涵闸的调度运行原则为：每片圩区根据当地的地面高程、排涝工程现状等多方面因素和经验设置一个控制水位，当与此圩区相连的圩外河网低于控制水位并且低于圩内水位时，打开圩口闸，涝水由圩内通过河道自排至圩外河水网；当圩外水位和圩内水位均高于控制水位时，关闭圩口闸，同时开启圩内泵站抽排涝水至外河网。

2）非圩区汇流。

非圩区地势通常比较高，可自由汇入周边河道。面积较大的分区可采用汇流单位线计算；面积较小的分区按经验办法处理。按分区面积大小分别采用 1d 或 2d 汇流单位线汇入河网，经验汇流单位线如图 4.1-9 所示。

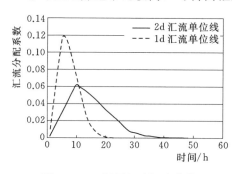

图 4.1-9　河网经验汇流曲线

4.1.3.2　河网概化要点

河网是由众多纵横交错、相互之间具有一定水力联系的排水河道（沟渠）构成的整体。构建河网系统是水力学模型计算中十分重要的基础工作。

平原水网区，河道纵横交叉，大小河流密布，水流方向不定。有些河道为主要骨干排水河道和重要排水支流，还有不少河道规模较小、距离短、排水作用有限。若事无巨细地将大大小小的河流沟渠都考虑进来模拟计算，势必使河网过于复杂、庞大，模拟计算费时费力，且模型中考虑那些水力联系能力弱小的河道沟渠对提高模拟精度作用不大。因此在构建河网模型时需要将复杂的河网进行概化。

河网概化的基本原则是，概化后的河网（包括湖泊）能基本反映天然河网的水力特性。概化河网、湖泊在输水能力与调蓄能力两个方面应与天然河网、湖泊相似，即概化后的河网的输水路径、输水能力与实际河网相近或基本一致，主要湖泊、洼地等的调蓄能力与实际相近。河网概化是将大量对水利计算影响不大的细小河流合并，去掉无水力联系或水力联系较弱的河道沟渠，合理减少河道数量、简化河网结构。具体要求如下：

1) 对于干流、主要支流和水力联系能力较强的河道，应完整概化并核实断面参数，主要河道不宜合并，且河道总长、河道比降应尽可能与实际一致，河道两端点及与其他概化河道的交点均设为节点。

2) 对于一些次要的河道，可以将两条或更多条平行的河道，用一条概化河道来代替。当这些平行河道具有断面资料且首末节点相同时，也可用水力学方法，根据过水能力相同原理，求得合并概化河道的断面参数。由于这些平行河道往往缺乏断面资料，且首末节点并不相同，可先凭经验确定概化河道的断面参数，在模型率定阶段，若发现这些参数不合理，则作适当修改，使模拟流量、水位过程与实际过程相符。

3) 对于湖泊洼地的概化，取决于研究的目的。较小的湖泊，可概化成零维的调蓄节点；较大的湖泊，或处理成零维的调蓄节点，或用网格概化，概化后的湖泊可进行二维或三维流场计算。

4) 对于更小的基本不起输水作用的河浜、沟塘等，以及面上众多的塘坝、小湖泊等，虽然它们对输送水量的作用不大，但其调节水量的作用不可忽视，一般应按陆域面上的调蓄水面处理，也可在适当的位置合并概化为不同的虚拟河段，仅进行水量调蓄。

5) 对于圩区概化，可建立一段虚拟汉河支流汇入河网，其上游与对应的圩区子流域连接，承接圩区子流域的降雨产流。将所有圩内河道的水面面积以额外库容的方式概化，使之与实际情况基本吻合，虚拟河道下游通过泵站、圩口闸与圩区外的骨干河道相连。

6) 概化河网中需设置以下类型的节点：①正常节点，两条概化河道交叉点，交叉点处的蓄水量可忽略不计；②调蓄节点，用来模拟大、中、小型湖泊，具有一定的水面积；③流量或水位边界节点，外围行洪河道及沿海口门处的节点，这些节点上的水位或流量是已知值；④闸节点，联结堰闸等控制建筑物的节点；⑤引排水节点，节点处有固定的流量取引或排入，主要用于模拟引排工程。

按照上述原则，结合水网区实际，确定模型直接概化的计算河道约1200条，还有众多小河、小沟等水面面积实际不起输入水作用，仅起水量调蓄作用，将这部分水面积作为零维调蓄水面加入河网。湖荡调蓄水面概化虚拟调蓄节点62个。河网概化如图4.1-10所示。

图 4.1 - 10　某水网区河网模型概化示意图

4.1.3.3　边界条件处理方法

（1）外边界条件。

外边界是指河网与外界进行水量交换的通道或水工建筑物等。外边界可由一个或多个水流通道或建筑物组成。对每个外边界，仅有一个节点与河网直接相联系，不与河网内部其他节点或河段发生直接联系。外边界条件是指外边界进行水量交换的水力条件。流入水网区的边界称作上边界，流出水网区的称作下边界。

1）上边界条件。

流入河网的上边界条件主要有上游非水网区来水等。每一条入流的河道与所在河网水力联系简单，易于分割（一般仅有一个节点与河网连接），入流流量过程易于获得，将水流流入河网的上边界条件一般用流量过程来表达。本水网区为纯平原区，且相对独立，没有上游入流情况。

2）下边界条件。

流出水网涝水的受纳水体有骨干河道、湖泊和海洋等。将水网区与涝水受纳区的连接点称作下边界。下边界条件通常用水位过程来表达。为防止河道、湖泊和海潮倒灌进入水网，通常在出流口建设有涵闸泵站等，一般采用这些水工建筑物受纳水体一侧水位过程作为下边界条件。

本例中的涝区涝水出路共 29 个，有些直接排入海，有些排入长江下游或下游支流，均受潮汐影响。选取邻近潮位站作为不同涝水出路下边界代表站，并选取各代表站典型年潮位或设计潮位作为下边界条件。图 4.1 - 11 为某排涝河道入海口边界代表站 2003 年 6 月 21 日至 7 月 19 日（梅雨期）潮位过程线图。

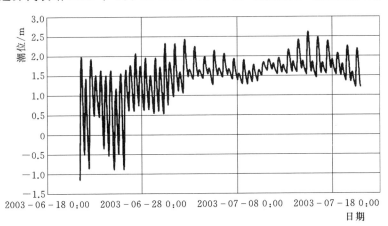

图 4.1 - 11　某排涝河道入海口边界代表站 2003 年 6 月 21 日至 7 月 19 日（梅雨期）
潮位过程线图

（2）内边界条件。

1）内部面上水流汇入。

通常根据河网区地形条件及内部河网分布特点，将河网区内的产水面积分配到各河段，即分成各个产水小区。各小区产生的水量汇入河段可分两种情况：

a. 地面高程高于河道设计水位。区内水流可以自由汇入河道，小区内边界条件较为简单，可用其产水流量过程表达。

b. 地面高程低于河道水位。为减少河道来水入侵受淹概率，往往修筑圩堤形成圩区，但这些圩区产生的水量就不能自由汇入河段，只有当相应河段水位低于圩区内涝水水位时，可通过圩区涵闸排出；当外河水位高于圩区水位时，通过泵站提水排出圩区涝水。因此，其边界条件需要考虑汇区来水、泵站排涝能力、涵闸规模等因素，结合河道水位进行水量平衡调节计算，才能得到该区汇入河段的流量过程。

2）水工建筑物。

对于河网内部的堰、闸等过流建筑物，其过流能力与一般河道不同，且受调度运行原则约束，不符合一般河道的水力学规律，应增设计算断面作为内部边界处理，计算时应当按照堰、闸等建筑物过流能力计算公式及其控制调度运行原则计算其过流量。平底水闸过流能力计算见式（3.3-31），其他建筑物过流能力公式详见水工设计手册[5]。

3）局部扩散河段。

对于突然扩散河段，应考虑计入局部水头损失．并增设计算断面，按式（4.1-13）计算局部水头损失：

$$\Delta h = \xi \frac{V_2 - V_1}{2g} \qquad (4.1-13)$$

式中：Δh 为局部水头损失，m；V_1、V_2 分别为水流上、下游断面流速，m/s；ξ 为局部水头损失系数，对于逐渐扩散段，ξ 取 $-0.33 \sim -0.5$，对于急剧扩散段 ξ 取 $-0.5 \sim -1.0$。

4.1.3.4 模型率定和验证

考虑到区域雨情、水情、工情等方面的变化，模型率定和验证应尽量选取最近时期发生的较大洪水，以更好地反映模型计算与实际水情拟合的吻合情况。

（1）模型率定。

选取 2015 年 6 月 23 日至 7 月 7 日涝水过程为典型，对模型的产汇流计算及河网水力学参数进行率定。涝区 6 月 23 日入梅，入梅后发生连续降雨，至 7 月 14 日出梅，主要暴雨过程集中发生在 6 月 23—30 日，腹部区 15d 面平均雨量 232.6mm。按排涝片区 A 区、B 区和 C 区分别计算面平均逐日雨量过程，各分片面雨量过程如图 4.1-12 所示，暴雨特性见表 4.1-1。率定成果见表 4.1-2，主要水位控制站兴化、三垛站率定水位与实测水位对照见图 4.1-13、图 4.1-14。由图表可见，模型计算的洪水涨落过程与实际情况拟合较好，主要控制站点水位计算与实测值之间误差在 $-0.03 \sim 0.06$m 以内。模型计算基本能反映本地区的河道汇流的水力特性，模拟精度满足要求。

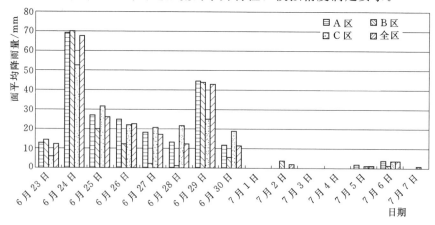

图 4.1-12 各片区面雨量过程图

表 4.1-1   2015 年典型年降雨量表

面雨量分区	最大 3d 雨量 /mm	最大 7d 雨量 /mm	最大 15d 雨量 /mm
全区	118.1	203.1	213.7
A 区	122.1	211.2	232.6
B 区	103.3	155.2	178.6
C 区	107.4	195.6	197.5

表 4.1-2   2015 年梅雨主要站点水位率定成果表

编号	水位站	最高水位值/m			最高水位出现日期		
		实测	计算	差值	实测	计算	相差天数/d
1	兴化	2.86	2.86	0.00	8 月 13 日	8 月 13 日	0
2	三垛	2.83	2.84	0.01	8 月 12 日	8 月 12 日	0
3	沙沟	2.77	2.80	0.03	8 月 13 日	8 月 13 日	0
4	溱潼	2.62	2.62	0.00	8 月 13 日	8 月 13 日	0
5	黄土沟	2.70	2.74	0.04	8 月 12 日	8 月 12 日	0
6	射阳镇	2.95	2.93	-0.02	8 月 12 日	8 月 13 日	1
7	建湖	2.45	2.42	-0.03	8 月 12 日	8 月 12 日	0
8	盐城	2.28	2.34	0.06	8 月 12 日	8 月 12 日	0
9	老阁	2.75	2.78	0.03	8 月 13 日	8 月 13 日	0
10	泰州	2.43	2.48	0.05	8 月 13 日	8 月 14 日	1
11	阜宁	1.84	1.88	0.04	8 月 13 日	8 月 13 日	0
12	大团	2.51	2.56	0.05	8 月 11 日	8 月 11 日	0

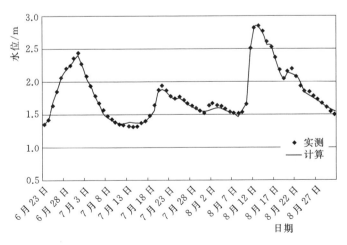

图 4.1-13 兴化站模型率定水位与实测水位对比图

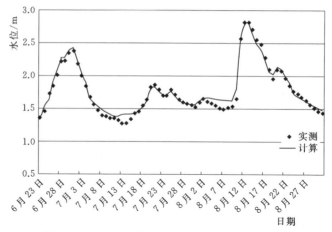

图 4.1-14 三垛站率定水位与实测水位对比图

（2）模型验证。

以 2003 年 6 月 21 日至 7 月 20 日、2006 年 6 月 21 日至 7 月 20 日和 2007 年 6 月 19 日至 7 月 18 日和 3 场次降雨过程及 22 个水位代表站实测水位过程对模型进行验证。

2003 年 6 月 21 日入梅，一个月时间，梅雨量 500～700mm，降雨中心偏于北部，宝应站为 772.3mm。验证计算时期选择 6 月 21 日入梅后的 30d，涵盖了当年梅雨期的降雨过程。

2006 年梅雨期间共发生两次降水，第一次发生在 6 月 21—24 日，面雨量 71.9mm，降雨中心在中部；第二次降雨发生在 6 月 29 日至 7 月 4 日，面雨量 292.4mm，降雨中心在中北部。率定计算时期选择 6 月 21 日入梅后的 30d，可涵盖两次降雨过程。

2007 年 6 月 19 日入梅至 7 月 24 日出梅，梅雨时间长达 36d，梅雨量 432.1mm，降雨中心最大 15 日点雨量陆庄站 522.6mm。验证计算时期选择 6 月 19 日入梅后的 30d，基本涵盖了当年梅雨期主要降雨过程。

三场用于验证的梅雨期时段最大降雨量统计见表 4.1-3，具体水位站点率定验证成果见表 4.1-4～表 4.1-6 和图 4.1-15。模型计算的大部分站点水位计算与实测值的误差在 ±0.20m 以内，计算的洪水涨落过程与实际情况拟合较好，模型基本能反映本地区的洪水汇流水力特性。

4.1.3.5 计算结果

（1）典型年与设计暴雨。

根据区域面平均暴雨系列计算 10 年一遇设计暴雨。选用 1991 年、2006 年和 2007 年雨型计算设计暴雨过程。A 区设计暴雨过程和下边界代表站水位过程如图 4.1-16～图 4.1-18 所示。

表 4.1-3　　2003 年、2006 年和 2007 年分区时段最大雨量统计表　　单位：mm

区域	2002 年面雨量				2006 年面雨量				2007 年面雨量			
	3 日	7 日	15 日	30 日	3 日	7 日	15 日	30 日	3 日	7 日	15 日	30 日
全区	134.3	265.1	428.8	558.8	186.4	286.4	366.9	438	157.9	257.2	337.7	415.1
A 区	146.5	290	469.7	592.5	202.4	292.4	382	458	183	283.6	362.9	438.1
B 区	132.8	244.9	429	606.9	190	323.4	377.6	460.3	137.6	201	273.9	356.4
C 区	112.5	233.2	353.8	455.5	156.1	249.5	330.5	399.8	169.6	247.6	330.7	417.4

表 4.1-4　　　　2003 年主要站点水位验证成果表

编号	水位站	最高水位值/m			最高水位出现日期		
		实测	计算	差值	实测	计算	相差天数/d
1	兴化	3.25	3.26	0.01	7 月 11 日	7 月 11 日	0
2	三垛	3.30	3.26	−0.04	7 月 11 日	7 月 11 日	0
3	沙沟	3.21	3.26	0.05	7 月 12 日	7 月 12 日	0
4	潆潼	3.11	3.15	0.04	7 月 11 日	7 月 11 日	0
5	黄土沟	3.22	3.21	−0.01	7 月 12 日	7 月 13 日	1
6	射阳镇	3.38	3.36	−0.02	7 月 12 日	7 月 12 日	0
7	建湖	2.84	2.84	0.00	7 月 11 日	7 月 11 日	0
8	盐城	2.65	2.66	0.01	7 月 11 日	7 月 11 日	0
9	老阁	3.20	3.19	−0.01	7 月 11 日	7 月 11 日	0
10	泰州	2.93	2.94	0.01	7 月 11 日	7 月 11 日	0
11	阜宁	2.42	2.47	0.05	7 月 13 日	7 月 13 日	0
12	大团	2.74	2.76	0.02	7 月 11 日	7 月 11 日	0

表 4.1-5　　　　2006 年主要站点水位验证成果表

编号	水位站	最高水位值/m			最高水位出现日期		
		实测	计算	差值	实测	计算	相差天数/d
1	兴化	3.02	2.99	−0.03	7 月 5 日	7 月 4 日	−1
2	三垛	2.98	3.01	0.03	7 月 5 日	7 月 5 日	0
3	沙沟	3.02	2.99	−0.03	7 月 5 日	7 月 5 日	0
4	潆潼	2.79	2.85	0.06	7 月 5 日	7 月 5 日	0
5	黄土沟	3.07	3.05	−0.02	7 月 5 日	7 月 5 日	0
6	射阳镇	3.29	3.27	−0.02	7 月 5 日	7 月 5 日	0
7	建湖	2.87	2.88	0.01	7 月 5 日	7 月 4 日	−1
8	盐城	2.66	2.72	0.06	7 月 5 日	7 月 5 日	0

续表

编号	水位站	最高水位值/m			最高水位出现日期		
		实测	计算	差值	实测	计算	相差天数/d
9	老阁	2.89	2.91	0.02	7月5日	7月5日	0
10	泰州	2.51	2.55	0.04	7月5日	7月5日	0
11	阜宁	2.51	2.49	−0.02	7月5日	7月5日	0
12	大团	2.70	2.76	0.06	7月5日	7月5日	0

表 4.1−6　　　　　　　　2007 年主要站点水位验证成果表

编号	水位站	最高水位值/m			最高水位出现日期		
		实测	计算	差值	实测	计算	相差天数/d
1	兴化	3.13	3.10	−0.03	7月10日	7月10日	0
2	三垛	3.22	3.21	−0.01	7月10日	7月10日	0
3	沙沟	2.96	2.94	−0.02	7月11日	7月11日	0
4	溱潼	3.05	3.06	0.01	7月10日	7月10日	0
5	黄土沟	2.97	2.93	−0.04	7月10日	7月10日	0
6	射阳镇	3.19	3.18	−0.01	7月10日	7月10日	0
7	建湖	2.64	2.62	−0.02	7月9日	7月9日	0
8	盐城	2.45	2.48	0.03	7月10日	7月10日	0
9	老阁	3.11	3.14	0.03	7月10日	7月10日	0
10	泰州	2.90	3.01	0.11	7月10日	7月10日	0
11	阜宁	2.23	2.21	−0.02	7月8日	7月9日	1
12	大团	2.66	2.66	−0.01	7月10日	7月10日	0

（2）计算条件及计算结果。

1）计算条件。

a. 圩内抽排能力及调度。经调查统计，现状腹部圩区排涝模数为 $1.04m^3/(s \cdot km^2)$，垦区圩区排涝模数为 $0.90m^3/(s \cdot km^2)$。

圩区排水调度当兴化水位超过 3.1m 或建湖水位超过 2.7m 时农业圩区限排，外河水位涨至接近历史最高水位时应停排。

b. 其他计算边界条件。沿海河道下边界采用设计排涝潮型。对边界泵站，根据其运用调度条件设置；外排泵站考虑与排水河道控制水位错峰。

2）计算成果。

经河网模型计算，不同年型主要河道最大外排流量和各河代表站最高水位计算成果见表4.1−7。从安全考虑，推荐 3 个典型年中各主要河道排涝流量最大值和各控制节点水位最高值作为水网排水治理采用成果。

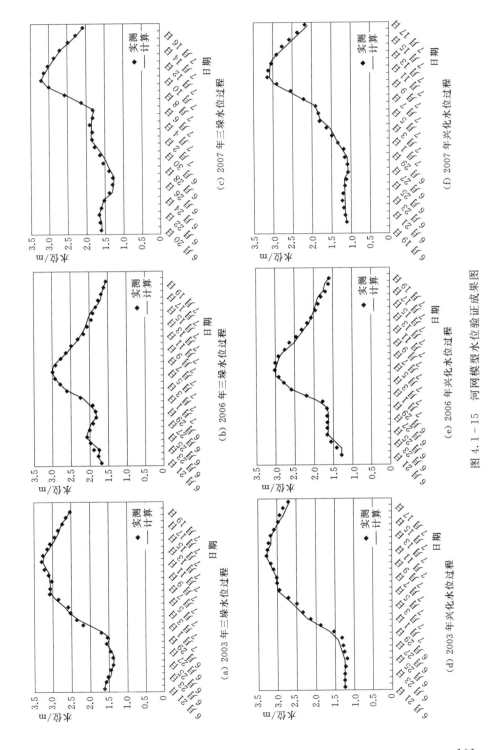

图 4.1-15 河网模型水位验证成果图

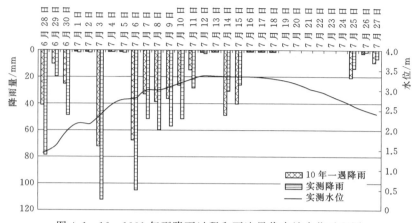

图 4.1-16　1991 年型降雨过程和下边界代表站水位过程图

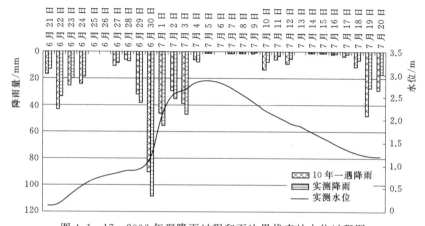

图 4.1-17　2006 年型降雨过程和下边界代表站水位过程图

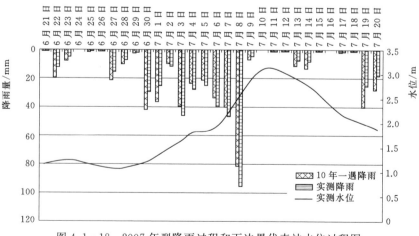

图 4.1-18　2007 年型降雨过程和下边界代表站水位过程图

表 4.1 - 7 水网模型计算成果表

雨 型		1991 年	2006 年	2007 年	采用成果
主要河道最大日均排涝流量/(m³/s)	射阳河	431	495	411	495
	黄沙港	195	213	170	213
	新洋港	546	566	477	566
	斗龙港	205	183	167	205
	川东港	171	132	115	171
	串通河	13	13	9	13
	海河	42	31	39	42
	潭洋河	23	20	16	23
各河主要节点水位/m	溱潼	2.36	2.16	2.46	2.46
	三垛	2.35	2.25	2.54	2.54
	兴化	2.34	2.25	2.47	2.47
	盐城	1.93	2.04	1.91	2.04
	射阳镇	2.32	2.36	2.28	2.36
	建湖	2.16	2.23	2.01	2.23
	阜宁	2.17	2.15	1.79	2.17
	通洋港	1.82	1.83	1.49	1.83

4.2　平原水文模型

当涝区面积较大且需要计算流量过程时，超出常规的治涝水文计算方法适用范围时，可采用水文模型的方法计算。根据有关资料[6]介绍，平原区特别是农耕区，下垫面条件有独特的结构形式，一般表土层是耕作层、土壤质地疏松，下层受长年耕作碾压，有一层较为密实的犁底层。其产流特点与蓄满产流机制和一般的超渗产流机制不同，因此，大多数适用于山丘区的模型在平原区模拟效果不甚理想。

20 世纪 80 年代中期和 90 年代初期，淮委规划设计研究院与河海大学合作，以淮北平原坡水区汾泉河流域为试点，采用流域水文模型模拟技术，以日降水量为计算时段，研究提出了综合模拟地表水、地下水全年过程的汾泉河平原水文综合模型[7-8]。随后，有多名学者对淮北平原地区进行了研究[9-10]，有学者在海河流域和太湖流域也提出了采用流域水文模型进行水文计算的例子[11]。赵宏臻等[12]基于汾泉河平原水文综合模型，结合 GIS 技术，建立了淮北平原分布式除涝水文模型。

鉴于汾泉河流域模型是针对淮北平原地区下垫面条件和产汇流特点专门研制的一种流域模型，并且兼具蓄满产流和超渗产流计算特性，比较适合于平原地区产汇流计算。因此，本书对该模型作简要介绍。

4.2.1 模型结构

汾泉河平原水文综合模型是从淮北平原产汇流特点出发描述下渗过程、蒸发过程和汇流过程的概念性水文模型，模型参数较具物理意义，便于地区综合，且能模拟全年逐日地表径流过程、地下径流过程、下渗补给过程和地下水位过程等，模拟功能较齐全，并在淮北平原地区多个流域进行了验证，获得了较好的模拟效果。下面简要介绍汾泉河平原水文综合模型。

该模型结构是根据淮北平原地形地质等下垫面情况，在大量实测资料分析其产汇流特性的基础上，经过多年研究和不断改进提出的。

淮北平原坡水区位于淮河干流以北、京广铁路以东、黄河以南、洪泽湖以西，是淮河流域最大的平原区，其地域宽广、地势平坦，地面坡降一般为 $1/7500 \sim 1/10000$，多年平均降水量约为 $600 \sim 900\text{mm}$，地下水埋深较浅，一般在 $2 \sim 5\text{m}$，南部浅、北部深。淮北平原是黄淮冲积平原，土层深厚，主要有黄潮土、砂姜黑土、棕潮土组成，为淮北平原古老的耕作土壤，是我国十分重要的粮棉油生产基地。

有关研究[13-14]表明，淮北平原地区耕作层的通气孔隙度远大于其他深度的通气孔隙度，土壤质地疏松，通气透水性好，吸水性强；紧挨耕作层下的土层因长期受压且没有翻耕，形成所谓的犁底层，其通气孔隙度最小，透水性最差（表 4.2-1）；土壤受旱时易开裂（砂姜黑土尤为严重），开裂程度与受旱程度关系密切。

表 4.2-1　　　　　　　　　　砂姜黑土不同深度表

深度/cm	孔隙度/%	
	总孔隙度	通气孔隙度
0～15	50.6	15.5
15～30	43.9	1.9
30～42	45.6	4.6
42～62	42.6	3.4
62～80	41.9	6.5
80～100	41.5	3.5

根据实地调查，结合该地区土壤特性和大量实测暴雨、流量和地下水位资

料分析研究，得出本地区的产流机制大体是：当发生暴雨时，雨水首先被表土层所吸收，然后在犁底层上形成积水，一部分积水沿大孔隙（裂隙）迅速到达地下水面补给地下水，引起地下水位上涨；一部分积水渗入下层土壤；当入渗水量足够时，下土层饱和后，入渗水量透过下层土壤补给地下水；还有一部分积水侧向注入沟道形成地表径流。

根据本地区的产流机制，设计了汾泉河流域水文模型的结构（见图 4.2-1）。将控制产流的土层分为上层（耕作层）和下层（包括犁底层）两部分。降雨满足上层土壤持水能力（用上层蓄水体容积表示，即为上层土壤持水能力 Wh_m）后，形成自由水 R_1。自由水 R_1 的一部分通过大孔隙下渗直接补给地下水蓄水体，用 R_{g1} 表示；一部分水渗入下层土壤，用 F 表示。满足上述两部分下渗后的剩余水量则作侧向运动形成表层径流，用 R_s 表示。R_s 与不透水面积 P_f 上形成的地表径流（R_d），经坡面和沟道调蓄形成地表径流过程 Q_s。

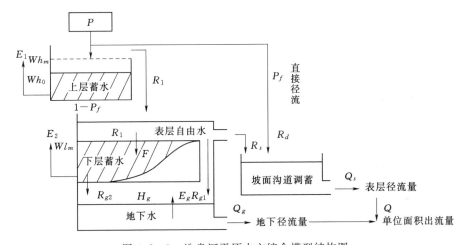

图 4.2-1　汾泉河平原水文综合模型结构图

渗入下层土壤的水量 F，首先被下层土壤吸收，在下层土壤含水量达到持水能力（用下层蓄水体容积表示，即为下层土壤持水能力 Wl_m）时，形成稳定入渗（R_{g2}）补给地下水。大孔隙流与稳定入渗量统称为地下水补给量。地下水经地下蓄水体调蓄后汇入沟道形成地下水出流量（Q_g）。地下水出流量（Q_g）与表层及地表径流量（Q_s）之和经河网汇流即为河道总的出流量 Q。

土壤蒸发时，首先以蒸发能力蒸发上层土壤水，蒸发量为 E_1；上层土壤水蒸发完后开始蒸发下层土壤水，其蒸发量为 E_2；蒸发下层土壤水同时，由于毛细管的作用，地下水不断向下土层供水，其供水量称为潜水蒸发量（E_g）。上、下层土壤水均指土壤含水量中由凋萎含水量到田间持水量之间的对蒸发有效的部分。

上述模型结构是平原水文系统最基本的一个单元体。可以作为一个流域进行计算，也可以将一个流域按照下垫面特性划分成多个单元体，经适当组合，形成多单元流域模型。

4.2.2 模型计算

（1）上层土壤水蓄水体水量平衡计算。

上层蓄水体的补给量为降水量 P，排泄量分别为蒸发量 E_1 和形成的自由水体 R_1，其水量平衡的基本公式为

$$Wh_1 = Wh_0 + P - E_1 - R_1 \qquad (4.2-1)$$

式中：Wh_0、Wh_1 分别为时段初和时段末上层土壤蓄水量。

1）自由水 R_1。

设上层蓄水体最大蓄水容量为 Wh_m，其时段初初始蓄水量为 Wh_0。若时段降雨量为 P，流域陆面蒸发能力为 E_m。则依据产流机制可得

$$R_1 = \begin{cases} P - E_m + Wh_0 - Wh_m & P - E_m + Wh_0 > Wh_m \\ 0 & P - E_m + Wh_0 \leqslant Wh_m \end{cases} \qquad (4.2-2)$$

其中

$$E_m = K_1 \cdot K_2 \cdot E = K_0 \cdot E$$

式中：K_1 为水面蒸发与流域蒸发能力折算系数；K_2 为蒸发器蒸发量观测值与水面蒸发量之比观测值；E 为蒸发器蒸发量观测值。

2）上层土壤水蒸发量 E_1。

$$E_1 = \begin{cases} E_m & P + Wh_0 \geqslant E_m \\ P + Wh_0 & 0 \leqslant P + Wh_0 < E_m \end{cases} \qquad (4.2-3)$$

3）时段末上层土壤水蓄量 Wh_1。

$$Wh_1 = \begin{cases} Wh_m & P - E_1 + Wh_0 \geqslant Wh_m \\ P - E_1 + Wh_0 & 0 < P - E_1 + Wh_0 < Wh_m \\ 0 & P - E_1 + Wh_0 \leqslant 0 \end{cases} \qquad (4.2-4)$$

（2）上层自由水蓄水体水量平衡计算。

依据产流机制，上层自由水的排泄去向有三部分：一是通过土壤大孔隙直接排至地下水 R_{g1}；二是补给下层土壤蓄水 F（当下层土壤达到饱和后则该下渗量补给地下水）；三是表层流出流形成地表径流。各部分水量计算如下：

1）大孔隙流。

R_{g1} 与下层土壤裂隙大小、多少及自由水量 R_1 有关。裂隙大小、多少与土壤的干旱度有关，并以下层土壤蓄水量（Wl_0）与蓄水容量（Wl_m）的比值来反映下层土壤的干湿程度。用式（4.2-5）来估算：

$$R_{g1} = g_k \left(1 - \frac{Wl_0}{Wl_m}\right) \times R_1 \qquad (4.2-5)$$

式中：g_k 表示大孔隙流最大入渗系数。

2）入渗进入下层土壤的水量 F。

由于流域上各点的土层厚度不同，其持水能力亦不同，加之降雨的不均匀性，使得各点的缺水量（该点蓄水容量与该点初始蓄水量的差值）不同，图 4.2-2 为流域土壤缺水量分布示意图。其中 a_0 为已满足蓄水容量的面积，未满足蓄水容量面积上的入渗量 $F_{\Delta t}$，由式（4.2-6）估算：

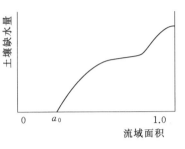

图 4.2-2　土壤缺水量面积分布

$$F_{\Delta t} = f_k (Wl_m - Wl_0)(1 - e^{-\frac{R2}{f_k(Wl_m - Wl_0)}})$$

$$(4.2-6)$$

式中：$F_{\Delta t}$ 是补给下层缺水的部分，其中 f_k 为参数，$R_2 = R_1 - R_{g1}$。

土壤持水能力已得到满足的面积上形成稳定入渗，其入渗水量 R_{g2} 通过下层土壤补给地下水。已满足土壤持水能力的面积 a_0 用下层土壤流域平均蓄水量与蓄水容量之比来估算，即

$$a_0 = \frac{Wl_0}{Wl_m} \qquad (4.2-7)$$

当供水充分时，稳渗量 R_{g2} 为

$$R_{g2} = \begin{cases} F_c \cdot a_0 = F_c \dfrac{Wl_0}{Wl_m} & R_2 > F_c \\ R_2 & R_2 \leqslant F_c \end{cases} \qquad (4.2-8)$$

式中：F_c 为 Δt 时段内点的稳定入渗能力。

综上所述，渗入下层土壤蓄水体的总水量为

$$F = F_{\Delta t} + R_{g2} \qquad (4.2-9)$$

3）表层径流。

自由水 R_1 满足大孔隙流和土壤入渗后，余水量沿犁底层汇入沟道形成表层径流 R_s。

$$R_s = R_1 - R_{g1} - F = R_1 - R_{g1} - R_{g2} - F_{\Delta t} \qquad (4.2-10)$$

（3）下层土壤水蓄水体水量平衡计算。

进入下层的水量有来自上层自由水的入渗补给量 F 和来自地下水的潜水向上输水量 E_g（通常称潜水蒸发）。流出下层蓄水体的水量有已蓄满面积上形成的稳定入渗水量和下层土壤水蒸发量。

1）下层蒸发量 E_2。

当上层土壤水量（含降雨）满足蒸发能力时，只蒸发上层水量，下层蒸发量 $E_2 = 0$。

当上层土壤水量不能满足蒸发能力时，开始蒸发下层土壤水量。由于上层的阻隔，阳光及风不能直接作用于下层，故蒸发下层水量的能力会衰减，用一折减系数 E_k 来估算下层的蒸发能力 $E_{m下}$，即 $E_{m下}=E_k\cdot(E_m-E_1)$。则下层蒸发量为

$$E_2=\begin{cases}E_{m下} & E_{m下}\leqslant Wl_0+E_g\\ Wl_0+E_g & E_{m下}>Wl_0+E_g\geqslant 0\end{cases} \qquad (4.2-11)$$

2）下层蓄水量。

根据水量平衡：时段末的下层蓄水量 Wl_1 为

$$Wl_1=Wl_0+F+E_g-E_{g2}-E_2 \qquad (4.2-12)$$

因为 $F=F_{\Delta t}+R_{g2}$，故上式可以表达为

$$Wl_1=Wl_0+F_{\Delta t}+E_g-E_2 \qquad (4.2-13)$$

当 $Wl_1<0$ 时，取 $Wl_1=0$。

（4）地下水蓄水体水量平衡计算。

在平原坡水区，地下水的流域边界是难以划清的。假定外流域进入的水量与排出水量大体相抵，计算时仅考虑本流域产生的地下水量。

进入地下水蓄水体的水量只考虑大孔隙流 R_{g1} 和土壤持水能力已满足的地方形成的稳定入渗量 R_{g2}。地下水的消退水量包括潜水蒸发 E_g 和地下径流量 Q_g，计算方法如下：

1）潜水蒸发量。

潜水蒸发量不仅受潜水向上的供水能力限制，还与下层的蒸发能力有关，按式（4.2-14）计算[15]：

$$E_g=\begin{cases}E_{gm}=E_ad^{-n} & E_{gm}<E_{m下}\\ E_{m下} & E_{gm}\geqslant E_{m下}\end{cases} \qquad (4.2-14)$$

式中：E_g 为潜为水蒸发量，mm；E_{gm} 为潜水向上的供水能力，mm；d 为地下水埋深，m；$E_{m下}$ 为下层的蒸发能力，mm；E_a、n 为潜水蒸发参数，$n>0.5$。

2）地下水出流量。

地下水出流量 Q_g 采用非线性水库汇流方法计算。

水量平衡方程：

$$S_{gt+\Delta t}=S_{gt}+R_{g1t}+R_{g2t}-E_{gt}-\frac{Q_{gt}+Q_{gt+\Delta t}}{2}\times\Delta t \qquad (4.2-15)$$

蓄泄方程：

$$S_g=KQ_g \qquad (4.2-16)$$

式中：Q_g 为地下水出流量，mm/h；S_g 为地下水蓄量，mm；K 为与地下水蓄水量有关的地下水汇流滞时。

联解上述两式，可得地下水的出流过程。在实际应用中，采用 $d-K$（埋深

d 与汇流滞时 K 的关系）代替 S_g - K（地下水蓄水量与汇流滞时关系）。d - K 较 S_g - K 有明显的优越性，一方面调试较方便；另一方面比较易于与河网建立联系，便于应用。

地下水埋深计算：

$$d_{t+\Delta t} = d_t + u(R_{g1} + R_{g2} - E_g - Q_g \Delta t)_t \qquad (4.2-17)$$

式中：d_t、$d_{t+\Delta t}$ 分别为计算时段初和时段末地下水埋深；u 为土壤潜水层给水度。

（5）表层径流蓄水体进出水量计算。

表层径流蓄水体除了表层径流 R_s 外，还包括一部分硬化地面直接产流面积上产生的直接径流 R_d。

$$R_d = P_f(P - E_m) \qquad (4.2-18)$$

式中：P_f 为直接产流面积比例。

进入该蓄水体的总水量为

$$R'_s = R_d + (1 - P_f)R_s \qquad (4.2-19)$$

这部分水量以线性水库调蓄方式进行汇流计算，即

$$S_s = K_s \cdot Q_s \qquad (4.2-20)$$

式中：S_s 为表层流蓄量；K_s 为表层流汇流滞时；Q_s 为表层流出流量。联解水量平衡方程，即可得表层流逐时段出流量及下一时段初始蓄量。

4.2.3 模型率定和检验

上述模型单元模块参数主要有 8 类：实测水面蒸发与流域蒸发能力的折算系数 K_0，上下层土壤最大蓄水容量 Wh_m 和 Wl_m，深层蒸散发系数 C，潜水蒸发参数 E_a 和 n，大孔隙下渗系数 g_k，土壤含水量分布参数 f_k，稳定入渗参数 f_c 和给水度 u，表层流汇流滞时 K_s 和地下水汇流系数 d - k 关系。

模型以日为计算时段，多年连续逐日计算。输出逐日流量、地下水位、蒸发、地下水补给、土壤含水量等过程，其中逐日地下水位过程和流量过程可以采用实测资料验证，增加模拟检验途径。该模型除以汾泉河流域为典型流域进行研制、率定和检验外，还在淮北平原的其他 6 个流域进行了检验，均取得了较好的模拟效果，见表 4.2 - 2。其中洪峰流量（年最大日平均流量）合格率（按水文预报规范，误差小于 20％视为合格）在 67％～83％之间。年径流量合格率（误差小于 10％视为合格）一般在 67％～100％之间。模型模拟的流量、地下水位过程与实测过程较为吻合，如图 4.2 - 3 所示。

汾泉河流域综合水文模型兼具有蓄满产流与超渗产流的特点。当大孔隙系数 g_k 和稳定入渗参数 f_c 取 0 时即与蓄满产流相当；当上层最大土壤含水量取 0、下层土壤最大含水量 Wl_m 足够大时，则模型又类似超渗产流模型。因此，

表 4.2－2   各流域模型计算成果精度分析表

流域名	控制站	控制站面积/km²	资料年限	洪峰流量均值/(m³/s)		洪峰流量合格率/%	年径流深均值/mm		径流量合格率/%
				实测	计算		实测	计算	
汾泉河	沈丘	3094	1964—1974 年	273	263	70	153	153	78
谷河	公桥	640	1969—1978 年	97.6	97.6	80	157	157	70
西淝河	王市集	1340	1967—1975 年	267	285	75	208	208	67
闾河	包信	736	1967—1976 年	379	351	83	236	236	70
安河	金锁镇	1890	1961—1963 年	374	430	67	304	352	67
包浍河	临涣集	2560	1963—1966 年	434	442	70	325	325	75
沱河	永城	2270	1963—1966 年	222	277	67	176	176	100

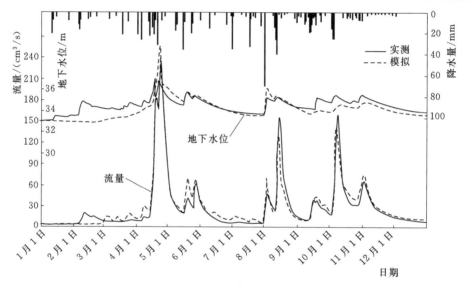

图 4.2－3   汾泉河沈丘站 1964 年实测和模拟计算流量及地下水位过程线图

与单纯的蓄满产流模型和单纯的超渗产流模型相比，该模型具有较强适应不同下垫面产流方式的能力。

4.2.4   参数地区规律分析

从流域模型参数汇总表（表 4.2－3）可知，产汇流参数有一定的地区规律。E_k 为下层土壤蒸发能力折算系数，与土壤性质关系较密切。闾河、谷河、安河、汾泉河、西淝河等淮北中南部流域的土壤多为壤土和砂姜黑土，北部沱河和临涣集流域的土壤多为沙壤土，因此淮北北部与南部的 E_k 值有差异，由于淮北平原区同属一个气候区，潜水蒸发参数 E_a、n 基本一致。

淮北平原地区地下水埋深均不大，最大包气带厚度差异不大，土壤最大缺水容量也差别不大，统一采用了相同的值，即上层取 45mm，下层取 220mm。由于中南部土壤特性与北部黄泛区沙性较重的土壤特性差异较明显，影响下渗的参数也分成中南部和北部两组。其中中南部壤土、砂姜黑土较多，干旱易开裂，大孔隙系数 g_k 值大些，但稳定入渗能力小些；北部土壤沙性土比重大一些，土壤受旱时不易开裂，大孔隙系数小些，但稳定入渗能力则大一些。

表 4.2 - 3　　　　　　　　　　各流域模型参数汇总表

| 流域名 | 控制站 | 控制站面积 /km² | 蒸发参数 | | | 产流参数 | | | | | 汇流参数 |
			E_k	E_n	n	Wh_m /mm	Wl_m /mm	g_k	f_k	f_c	K_s/d
汾泉河	沈丘	3094	0.36	8.0	3.5	45	220	0.2	0.22	40	3.8
谷河	公桥	640	0.36	8.0	3.5	45	220	0.2	0.22	40	1.5
西淝河	王市集	1340	0.36	8.0	3.5	45	220	0.2	0.22	40	2.0
闫河	包信	736	0.36	8.0	3.5	45	220	0.2	0.22	40	0.65
安河	金锁镇	1890	0.36	8.0	3.5	45	220	0.2	0.22	40	2.2
包浍河	临涣集	2560	0.24	8.0	3.5	45	220	0.12	0.08	45	3.7
沱河	永城	2270	0.24	8.0	3.5	45	220	0.12	0.08	45	4.5

各流域表层流汇流滞时 K_s 物理概念较为明确，与流域面积大小关系较为密切。从图 4.2 - 4 中看出，K_s 与流域面积呈线性关系。地下水汇流滞时与流域内大小河道的密度有关。

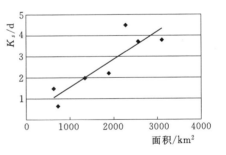

图 4.2 - 4　K_s 与流域面积关系图

4.2.5　模型的运用

根据降雨及蒸发等资料，模型可以模拟流域的土壤蒸发过程、降雨入渗补给地下水过程、地下水出流过程、控制断面的流量过程等，不仅可用于流域防洪除涝水文计算，也可为水资源评价、土壤墒情预报等方面服务。

【例 4 - 1】　淮北某支流集水面积 2930km²，位于淮北平原中南部，运用该模型计算 5 年一遇设计排涝流量。

根据流域地理位置及特征参数，按照模型参数地区规律分析结果，确定本流域汇流参数（见表 4.2 - 4）。根据流域内及周边雨量站、蒸发 1954—1984 年共 30 年资料，运用模型计算出历年最大流量系列。进行频率分析（见图 4.2 - 5），得到该流域控制断面 5 年一遇设计洪水流量 825m³/s。

表 4.2－4			模　型　参　数						汇流参数
控制站面积 /km²	蒸发参数			产流参数					
	E_k	E_n	n	Wh_m /mm	Wl_m /mm	g_k	f_k	f_c	K_s/d
2930	0.36	8.0	3.5	45	220	0.2	0.22	40	4.1

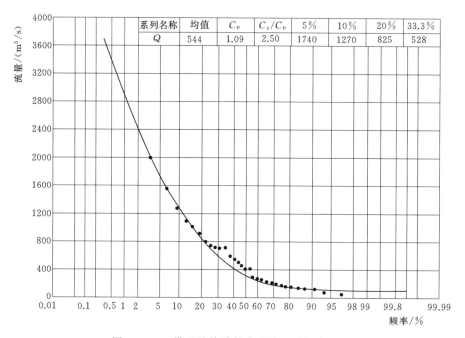

图 4.2－5　模型计算洪某支流峰系列频率曲线

思　考　题

1. 为什么河网地区需要用水力学模型计算排涝设计流量？

2. 求解一维圣维南方程组通常采用哪几类差分形式，各有什么优缺点？

3. 河网概化的原则和要点有哪些？

4. 河网水力学模型计算的内外边界条件有哪些，怎么处理？

5. 淮北平原地区有何产流机制和特点？为什么汾泉河平原综合模型更适用于平原地区？

参　考　文　献

［1］ 陈大宏，蓝霄峰，杨小亭. 求解圣维南方程组的 DORA 算法［J］. 武汉大学学报

（工学版），2005，38（5）.

［2］　王船海．李光炽，向小华，等．实用河网水流计算 ［M］.南京：河海大学出版社，2015.

［3］　吴作平，杨国录．河网模拟稳定性分析 ［J］.水电能源科学，2010（6）.

［4］　Danish Hydraulic Institute（DHI）.MIKE Ⅱ：A Modeling System for Rivers and Channels Reference Manual ［R］.2002.

［5］　索丽生，刘宁，高安泽，等．水工设计手册　第1卷 基础理论 ［M］.2 版.北京：中国水利水电出版社，2011.

［6］　刘新仁，王玉太，朱国仁．淮北平原汾泉河流域水文模型 ［J］.水文，1989（1）.

［7］　刘新仁，费永法，江瑞勇，等．汾泉河平原水文综合模型 ［R］.蚌埠：水利部淮委规划设计院，1990.

［8］　刘新仁，费永法．汾泉河平原水文综合模型 ［J］.河海大学学报，1993（6）.

［9］　肖庆元，王建群，贾洋洋．淮北平原概念性流域水文模型研究 ［J］.中国农村水利水电，2014（12）.

［10］　戴香琳，陈芬，等．分布式流域水文模型在温黄平原上的运用 ［J］.浙江水利科技，2016（1）.

［11］　王中根，朱新军，夏军，等．海河流域分布式 SWAT 模型的构建 ［J］.2008，27（4）.

［12］　赵宏臻，陈鸣，吴永祥，等．淮北平原分布式除涝水文模型及应用 ［J］.水资源保护，2014（4）.

［13］　孙怀文．土壤资源利用及改良 ［R］.合肥：安徽省水电部淮委水利科学研究所，1988.

［14］　《砂姜黑土综合治理研究》编委会.砂姜黑土综合治理研究 ［M］.合肥：安徽科学技术出版社，1988.

［15］　Gardner W R，Fireman M. Laboratory Studies of Evaporation From Soil Columns in the Presence of Water Table ［J］. Soil Science，1958，85（5）.

5　城区治涝水文计算

5.1　一般城区治涝水文计算

城市一般是某个地区的政治、文化和经济中心，在国民经济和社会活动中有着十分重要的地位。城市的规划区域（通常称作城区）一旦发生内涝，轻则影响城市交通，重则受淹造成重大经济损失和威及生命安全。改革开放之初的1978年，我国的城市化率仅为17.9%，城市排涝问题不突出。随后，我国进入快速发展时期，特别是1995年以后，城市化进程加快，各地城市规模均有较大发展，到2016年我国城市化率达到

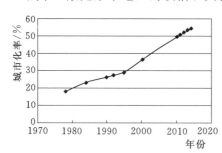

图 5.1-1　我国历年城市化率变化图

了57.35%（见图5.1-1）。由于城市化率的提高，城区面积急速扩大，地面硬化、不透水面积大大增加，加大了雨水产生的径流总量、加快了汇流速度、增大了涝水量峰值，原有的城市排水河道不少都没有及时扩大规模，导致城市内涝问题越来越突出。

2010年国家住建部对我国351个城市排涝能力进行了专项调研。根据调研结果[1]，2008—2010年，有62%的城市发生过不同程度的内涝，其中内涝超过3次以上的城市有137个。2011年秋汛期间，国内有137个县级以上城市受淹，北京、武汉、成都、南京、杭州等城市更是发生了严重内涝。2013年城市内涝依然到处肆虐，不仅造成了巨大的经济与社会损失，还造成了人员伤亡。随着经济社会的发展，城市内涝造成的经济损失和危害越来越重，防治城市内涝已刻不容缓。

城市治涝水文计算方法是确定城市排涝工程规模的重要工具。由于城区水文情势、防涝要求等与农区有较大差异，城市治涝水文计算方法也明显不同。特别是随着生态优先、绿色发展理念的兴起，海绵城市建设越来越受到重视，海绵城市建设对城市涝水的产汇流过程造成影响，城市排涝水文计算方法也需

要适应海绵城市建设的新要求。

5.1.1　城市治涝水文计算的特点

5.1.1.1　城市化对水文情势变化的影响

城市化进程增加了城市的不透水面积，表面覆盖如屋顶、街道、车站、广
场等。不透水区域的下渗几乎为零，洼地
蓄水减少，径流系数比一般农区大，产生
的涝水量增大。不透水面积比一般农区要
更平整、光滑，坡面汇流速度加快；排水
管渠系统的完善，如道路边沟、雨水管网
和排洪沟等增加了汇流的效率；面上的调
蓄作用较农区减弱，导致汇流时间缩短，
峰现时间提前，洪峰流量加大。城市化对
流量过程的影响如图 5.1-2 所示。因此，

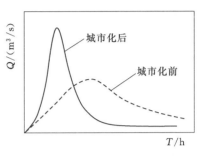

图 5.1-2　城市化对流量过程的影响

城市的产汇流机制与一般农区有明显的区别，城市化使水文情势产生了较为明
显的变化。

5.1.1.2　城市治涝要求

一般农区由于作物有一定的耐淹性，如旱作物一般受淹 1d、水稻一般受
淹 3d 左右不会造成明显减产。如排涝模数经验公式法计算的流量多为 24h 平
均流量，水田采用的平均排除法确定的流量往往是 3～5d 的平均流量等，计算
的排涝流量往往是 1～5d 的时段平均流量。按此流量设计的排涝河道，当发生
标准涝水时，相应短时间内流量峰值会超过 24h 平均流量，地面上会短期滞蓄
涝水，但对农作物不会造成明显损。

城市工厂、商业区、机关学校、居民小区等密集分布，是人类经济社会活
动最为活跃的区域，道路交通繁忙，一旦道路、工厂、商业区、机关学校、居
民小区受水淹，所造成的损失远比农区高，对居民的生产和生活将产生重大影
响。原则上，当发生标准涝水时，这些重要设施和区域基本不能有明显的积
水，即使有少量积水，也要在比较短时间内排出去。因此城市排涝河道的设计
流量不宜采用长时段平均峰值流量，一般采用瞬时峰值或短时段峰值流量。

5.1.1.3　设计流量计算方法特点

（1）城区汇流特性对流量计算方法要求。

小区汇水面积较小，一般在数平方公里内。按照《室外排水设计规范
（2016 年版）》（GB 50014—2006）[2]，小区地面集水时间一般为 5～15min，
雨水就近排入排水管网，雨水进入管网到排入河道的时间一般只有十多分钟至
数十分钟。雨水在小区面上汇流时间短，在汇流时段内降雨在时间和空间上可

看作均匀分布。当降雨强度一定时，很易形成全面产流和汇流，雨水很快就汇集到管网中形成稳定的流量，此时管网排水流量可按小区面上形成的净雨强度（降雨强度乘以径流系数）均匀排出的方法计算，即净雨强度乘以汇水面积计算。因此，室外排水设计规范中管网流量大小与小区面积按线性关系处理。

对于城区排水河道，沿途要接纳多个小区的雨水，汇水面积大、下垫面条件差异较大，各小区汇入路程长短不同，其流量过程到达河道控制断面的时间差异较大，因此，各小区排出的流量峰值不能直接相叠加，即流量峰值模数与面积关系不是线性关系，而是随汇水区面积增大而减小的非线性关系。汇流计算方法需要考虑不同汇水面积的非线性因素。因此，城区管网流量计算方法不适用于城区排水河道流量计算。同样，城区排水河道流量计算方法也不适用于小区管网流量计算。

（2）农区排涝模数经验公式法不适合城区排水河道使用。

适用于农区自排的排涝模数经验公式法是依据大量的实测水文资料建立起来的一种经验方法，并且计算的设计排涝流量是长时段（如24h）平均峰值流量。城区水文测站极少、实测水文资料严重缺乏，因此难以建立适用于城区的排涝模数经验公式。若城区直接采用农区的排涝模数经验公式计算，则存在两个方面的问题：一方面是因为城区产汇流条件与农区明显不同，同样暴雨城区所形成的峰值流量远大于农区的流量；另一方面，城区排涝要求采用短时段平均峰值流量或瞬时峰值流量，但农区排涝模数经验公式计算的设计流量是长时段平均峰值流量。因此，城区采用农区的排涝模数经验公式法计算的流量明显偏小，该方法不适用于城区设计排涝流量计算。

5.1.2 小区管网排水流量计算

5.1.2.1 计算方法

根据室外排水设计规范，小区的排水流量按式（5.1-1）计算：

$$Q = \psi q F \qquad (5.1-1)$$

式中：Q 为雨水设计排水流量，L/s；ψ 为径流系数；q 为设计暴雨强度，mm/(s·hm²)；F 为排水区面积，hm²。

该方法假定降雨面上均匀分布，产流也均匀分布，流量与面积呈线性关系，其实质是计算时段 t 内的降水量所产生的净雨在 t 时段内平均排出所对应的流量。由于小区汇水面积较小，这些假定条件基本能满足，按此规模设计排水管网能够达到相应的排水效果。城区面积较大时，由于地形、地面条件和汇流路径等的复杂性，其产汇流的不均匀性将增大，用此方法计算造成的误差会增大，因此，该公式常用于较小面积的流量计算[2]110。如美国一些城市规定的适用范围分别为：奥斯汀 4km²、芝加哥 0.8km²、纽约 1.6km²、丹佛 6.4km²。

欧盟的排水设计规范要求排水系统面积不超过 $2km^2$。我国《室外排水设计规范》规定，该公式适用于面积不超过 $2km^2$ 的小区雨水管网设计排水流量计算。

5.1.2.2 设计暴雨强度计算

（1）设计暴雨强度公式。

根据室外排水设计规范，暴雨强度公式如下：

$$\left.\begin{aligned} q &= \frac{167A(1+C\lg P)}{(t+b)^n} \\ t &= t_1 + mt_2 \end{aligned}\right\} \qquad (5.1-2)$$

式中：q 为设计暴雨强度，$L/(s \cdot hm^2)$；P 为重现期，a，根据汇水地区性质、城镇类型、地形特点和气候特征等因素按《室外排水设计规范》的规定确定，见表 5.1-1；t 为设计降雨历时，min；t_1 为地面到支管的传播时间，一般取 $10 \sim 15min$；t_2 为管道、明渠传播时间，根据管道、明渠长度和设计流速估算 [管道流速一般取 $0.6 \sim 0.75m/s$，明沟（渠）取 $0.4m/s$ 左右]；m 为管渠调蓄系数，其中支管取 1、干管道取 2、明沟渠取 1.2；A、C、b、n 为公式参数。

表 5.1-1　　　　　　　　　雨水管渠设计重现期[2]22

城市类型	城市人口/万人	不同城区重现期/a			
		中心城区	非中心城区	中心城区的重要地区	中心城区地下通道和下沉式广场等
特大城市	≥500	3～5	2～3	5～10	30～50
大城市	100～500	2～5	2～3	5～10	20～30
中等城市和小城市	<100	2～3	2～3	3～5	10～20

注　按表中所列重现期设计暴雨强度公式时，均采用年最大值法。

《给水排水设计手册》（第二版）城镇排水分册 1.10 节列出了国内 212 个城市设计雨量公式参数，设计时可查阅使用。当有 20 年以上实测降水资料时应根据实测降水资料分析确定。

（2）设计暴雨强度公式参数分析方法。

设计暴雨公式参数通常采用不同时段实测暴雨强度系列，进行频率分析得到不同重现期设计暴雨，然后采用拟合法得到式（5.1-2）的 A、C、b、n四个参数。

1）暴雨时段。

可选取 5min、10min、15min、20min、30min、45min、60min、90min、120min、150min、180min 等多个时段，中小城市也可选取前几个时段。

2）暴雨系列。

当有 20 年以上实测暴雨资料时，采用年最大值系列。实测暴雨系列长度不足 20 年时，选样方法可采用一年多个样本。暴雨系列一年多个样本的选样方法有超定量法和超最大值法两种。选样方法说明如下：

a. 年最大值法：在每一年的实测暴雨资料中，不同时段长度（5min、10min、15min、20min、30min、45min、60min、90min、120min、150min、180min）分别选取 1 个年最大暴雨量。组成不同时段长度的暴雨系列。

b. 超定量法：根据某地暴雨特点选取一个下限值，每年的不同场次时段暴雨超过下限值均被选取，每年选取的个数不一定相同。平均每年选取 6～8 个最大值作为初选样本，然后不论年次按大小次序排队，再从排列好的样本中从大到小选取年数的 3～4 倍个数据，作为频率分析最终选定的暴雨系列。

c. 超最大值法：把 n 年所有暴雨样本作为一个整体，从中选取前 n 个最大的时段暴雨值，组成一个暴雨系列。即超定量法中选取系列长度为 1 倍年数的暴雨系列。

3）频率分析。

通常采用 P-Ⅲ型频率曲线，按目估适线法确定频率曲线参数，再得到不同时段各个重现期设计暴雨强度。

4）参数分析。

根据不同时段各重现期设计暴雨强度，采用优选法确定式（5.1-2）A、C、b、n 四个参数。具体方法可参见《给水排水设计手册》（第二版）城镇排水分册附录Ⅰ。

5.1.2.3 径流系数的确定

不同的下垫面，其径流系数有较大的差别。小区内有房屋、各种类型道路、公园和绿地等。《给水排水设计手册》（第二版）城镇排水分册列出了城区各种下垫面相应的径流系数（见表 5.1-2）及综合径流系数表（见表 5.1-3）。

表 5.1-2 城区不同地类径流系数表

地 类	ψ
各种屋面、混凝土或沥青路面	0.90
大块石铺砌路面或沥青表面处理的碎石路面	0.60
级配碎石路面	0.45
干砌砖石或碎石路面	0.40
非铺砌土路面	0.30
绿地或草地	0.15

表 5.1-3　　　　　　　　　城区综合径流系数

区域建筑物密度情况	ψ
建筑密集区（不透水面积＞70%）	0.7～0.8
建筑较密集区（不透水面积 50%～70%）	0.6～0.7
一般建筑密度区（不透水面积 40%～50%）	0.5～0.6
建筑很稀的居民区（不透水面积＜40%）	0.4～0.5

根据表 5.1-1，按不同地类面积比例加权计算得出小区的综合径流系数：

$$\psi = \frac{1}{F} \sum_{i=1}^{n} F_i \times \psi_i \qquad (5.1-3)$$

式中：F_i 为第 i 类下垫面面积，$F = \sum_{i=1}^{n} F_i$；ψ_i 为第 i 类下垫面径流系数；n 为小区内地类数。

也可根据城镇建筑物密度情况直接查表 5.1-3 得到城市综合径流系数。

5.1.3　城市排水河道设计流量计算

由于城市面积一般在数十平方公里到数百平方公里之间，市区内排水河道集水面积以数平方公里到数十平方公里居多，面积比小区管网排水区大得多，前述小区管网排水流量计算方法不适用于城区排水河道，其设计排涝流量常采用水文学的方法计算。这些河流基本没有实测流量资料，通常采用由设计暴雨推求设计排涝流量。

设计暴雨的计算与一般农区的计算方法相同，采用年最大值法计算，设计暴雨时段常采用 1h、6h 和 24h 等时段。产流计算常采用扣损法、径流系数法等。设计暴雨和产流计算方法可参照本书 3.1 节和 3.2 节。

汇流计算常用的方法有等流时线法、非线性水库汇流法、推理公式法、单位线法等计算等。下面介绍前 3 种常用的汇流计算方法（单位线法同本书 3.3.3 节，不再介绍）。

5.1.3.1　等流时线法

假定流域中任一地点的净雨汇流速度都相同，则任一地点净雨水质点流达出口断面的时间就取决于它与出口断面的距离。根据这一假定，将流域内汇流时间相等的点连接起来，称为等流时线。也就是说，落在这一条线上的降水，形成地表径流后，同时到达出口断面，按 Δt 内到达出口断面平均时间计算。在实际计算时，将汇流时间步长为 Δt 的任意两根相邻等流时线间的面积 f，称作等流时面积，在 f 上同时产生的径流，在同一时段 Δt 内到达出口断面。

假定从流域最远点到流域汇流时间为 T，流域汇流速度在面上是均匀的。设时间步长为 Δt，则可将流域按 Δt 等分成 n（$n = T/\Delta t$，取整数）个等流时

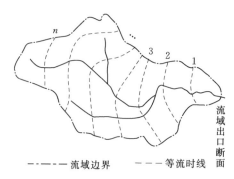

图 5.1-3　流域汇流等流时线示意图

──── 流域边界　　──── 等流时线

汇水小区（见图 5.1-3），各块集水面积分别为 f_i（$i=1, 2, \cdots, n$）。当全流域均匀产生 1 个单位（如 1mm）净雨深时，则在出口断面会形成出流过程，该出流过程称为等流时线汇流单位线。对于第 i 时段的出流量 q_i 可用式（5.1-4）计算：

$$q_i = \frac{0.278}{\Delta t} f_i \quad i=1,2,\cdots,n \quad (5.1-4)$$

式中：q_i 为第 i 时段单位净雨在流域出口断面处的流量，$m^3/(s \cdot mm)$；f_i 为从出口断面向上游数第 i 个汇水小区面积，km^2；Δt 为流量过程计算的时间步长，h。

等流时单位线具体制作方法如下：

（1）确定流域最远点汇流时间 T。

流域最远点汇流时间 T 可按下列经验公式[3]40计算：

$$T = 0.608 \left(\frac{kL}{\sqrt{S}} \right)^{0.467} \quad (5.1-5)$$

式中：T 为流域最远点汇流时间，h；k 为地表类型参数；L 为流域长度，km；S 为流域坡度。

不同地表类型参数 k 取值：平整硬化地表、砌地砖地表取 0.02，裸土地表取 0.1，稀疏草地及粗糙地表取 0.2，草地取 0.4，树木取 0.6，茂密树木取 0.8；当有多种地表组成时应按地表类型面积加权确定。

（2）流域汇流时间步长 Δt，根据流域大小情况确定。有些省份当流域面积 $F \leqslant 5km^2$ 时取 0.25~0.33h，当流域面积 $5km^2 < F \leqslant 15km^2$ 时取 0.5h；当流域面积 $15km^2 < F \leqslant 100km^2$ 时取 1h。

（3）根据 T 和 Δt 绘制流域等流时线，并量算各等流时线间小区集水面积。

（4）用式（5.1-4）得等流时汇流单位线。

各时段设计净雨不相同，当设计净雨过程为 h_i（$i=1, 2, \cdots, m$），则流域出口汇流过程 Q 为

第 1 时段流量：$Q_1 = h_1 q_1$

第 2 时段流量：$Q_2 = h_2 q_1 + h_1 q_2$

第 3 时段流量：$Q_3 = h_3 q_1 + h_2 q_2 + h_1 q_3$

第 k 时段流量：

当 $n \geqslant m$ 时，

$$Q_k = \begin{cases} \sum_{i=1}^{k} h_i q_{k-i+1} & k=1,2,3,\cdots,m \\ \sum_{i=1}^{m} h_i q_{k-i+1} & k=m+1,m+2,\cdots,n \\ \sum_{i=k}^{m+n-1} h_{i-n+1} q_{k-i+n} & k=n+1,n+2,\cdots,n+m-1 \end{cases} \quad (5.1-6a)$$

当 $n<m$ 时，

$$Q_k = \begin{cases} \sum_{i=1}^{k} h_i q_{k-i+1} & k=1,2,\cdots,n \\ \sum_{i=1}^{n} h_{k-i+1} q_i & k=n+1,n+2,\cdots,m \\ \sum_{i=k}^{m+n-1} h_{i-n+1} q_{k-i+n} & k=m+1,m+2,\cdots,n+m-1 \end{cases} \quad (5.1-6b)$$

式中：Q 为流域出口断面流量，m^3/s；h 为时段净雨，mm；q 为单位净雨在流域出口形成的流量，$m^3/(s \cdot mm)$。

【例 5-1】 某城区有一排水河道，河长 6.2km，坡降 0.0005，集水面积 5.8km²，城区硬化地面占 70%，草地占 25%，林地占 5%。采用等流时线法求汇流单位线。

计算步骤如下：

a. 由不同地面类型面积比例，按式（5.1-5）地表类型参数取值加权计算该流域地表类型参数：

$$k = 0.02 \times 70\% + 0.4 \times 25\% + 0.6 \times 5\% = 0.144$$

b. 根据式（5.1-5）计算得汇流时间 3.40h。

c. 计算汇流速度 $V=L/T=1.82$km/h。

d. 城区面积 5.8km²，采用时间步长 0.5h。

e. 计算等流量间隔距离。由汇流速度和时间步长，求得等流时线间隔距离 0.91km。

f. 在流域图上以出口断面为圆点，$n(n=1,2,3,\cdots)$ 倍时间步长流程为半径，绘制等流时线。求出等流时线之间各部分流域面积，见表 5.1-4。

表 5.1-4　　　　　　　　　　等流时单位线计算表

时　段	面积/km²	$q/[m^3/(s \cdot mm)]$
1	0.43	0.239
2	0.85	0.473
3	1.52	0.845

续表

时 段	面积/km²	$q/[\mathrm{m^3/(s \cdot mm)}]$
4	1.28	0.712
5	0.87	0.484
6	0.65	0.361
7	0.2	0.111
合 计	5.8	

5.1.3.2 非线性水库法

假定地表汇流是非线性水库调蓄过程，则可用式（5.1-7）和式（5.1-8）计算出口断面的流量过程：

$$I(t) - Q(t) = \frac{\mathrm{d}S(t)}{\mathrm{d}t} \tag{5.1-7}$$

$$S(t) = KQ(t)^n \tag{5.1-8}$$

式中：$I(t)$ 为净雨过程；$Q(t)$ 为出流过程；$S(t)$ 为流域滞蓄水量过程；K 为流域库容调蓄系数；n 为蓄水指数，取值范围 $0 \sim 1$。

式（5.1-7）和式（5.1-8）为非线性微分方程组，无解析解。将式（5.1-8）代入式（5.1-7）可得

$$\frac{\mathrm{d}Q(t)}{\mathrm{d}t} = \frac{i(t) - Q(t)}{nKQ(t)^{n-1}} \tag{5.1-9}$$

若已知 $i(t)$、n 和 K，可采用有限差分法求解式（5.1-9），得到出流过程 $Q(t)$。

根据英国的沃林福特方法，$n = 2/3$，选取具有铺砌和不透水面积两种情况的流域资料得出的 K 值经验公式[3]41：

$$K = 0.051 \left(\frac{F}{S_0}\right)^{0.123} \tag{5.1-10}$$

式中：S_0 为地表坡度；F 为面积，$\mathrm{m^2}$。

当式（5.1-8）中 $n=1$ 时，即为线性水库调蓄法。当把流域概化为多个串联的线性水库时，即可推导出著名的 Nash 瞬时单位线：

$$U(0,t) = \frac{1}{K\Gamma(n)} \left(\frac{t}{K}\right)^{n-1} e^{t/k} \tag{5.1-11}$$

式中：$U(0,t)$ 为瞬时单位线；$\Gamma(n)$ 为伽玛函数；n 为线性水库个数，或称作线性水库调节次数；K 为流域调蓄系数，相当于流域汇流滞时。

5.1.3.3 推理公式法

推理公式法[4]的基本原理是：在径流形成过程中，最大流量不一定是全流域面积上的净雨造成的，而是由最大造峰面积上的净雨形成的，取决于暴雨历

时和流域汇流时间所对应的面积关系。当净雨历时 t_c 大于等于流域全面汇流历时 τ 时，则全流域面积参与造峰，称作全面汇流；当净雨历时 t_c 小于流域汇流历时 τ 时，则部分面积参与造峰。洪峰流量即是造峰时段净雨与汇流面积之积，计算公式如下：

当 $t_c \geqslant \tau$ 时，

$$Q_m = 0.278 \frac{h_\tau}{\tau} F \qquad (5.1-12a)$$

式中：h_τ 为 τ 时段对应的净雨量，mm；F 为流域面积，km^2。

当 $t_c < \tau$ 时，造峰时段 t_c 对应的汇流面积为 F_c，则洪峰流量计算公式为

$$Q_m = 0.278 \frac{h_R}{t_c} F_c$$

式中：h_R 为 t_c 时段对应的净雨量，mm。

但 F_c / t_c 是一难以客观检验的量，用下式近似代替[5]349：

$$\frac{F_c}{t_c} \approx \frac{F}{\tau}$$

则得

$$Q_m = 0.278 \frac{h_R}{\tau} F \qquad (5.1-12b)$$

式中：τ 为汇流时间。通常流域汇流速度经验公式可用式（5.1-13）表达：

$$v = mJ^{1/3} Q^{1/4} \qquad (5.1-13)$$

则流域汇流时间计算公式如下：

$$\tau = 0.278 \frac{L}{mj^{1/3} Q_m^{1/4}} \qquad (5.1-14)$$

式中：Q_m 为洪峰流量，m^3/s；L 为干流河长，km；τ 为汇流时间，h；j 为干流坡降；m 为流域汇流参数。

根据各省的水文手册或暴雨洪水图集，长短历时暴雨量的比值与长短历时的比值之间存在指数关系。由此，通常采用 1h 设计暴雨量（也称作设计雨力 S），计算出不同时段长度的设计暴雨：

$$P_t = S t^{1-n} \qquad (5.1-15)$$

式中：P_t 为 t 时段降雨量，mm；S 为 1h 设计降水量，或称作设计雨力，mm；n 为暴雨衰减指数。

对上式求导数，则得到降雨强度 I 计算公式：

$$I = \frac{dP}{dt} = (1-n) S t^{-n} \qquad (5.1-16)$$

由式（5.1-16）可知，降雨强度是随降雨时段长递减的，当降雨强度 I 等于入渗损失强度 μ 时即停止产流，此时称作产流历时 t_c，则由式（5.1-16）

可导出：

$$t_c = \left(\frac{1-n}{\mu}S\right)^{1/n} \tag{5.1-17}$$

根据各省实际，在 $0 < t < 24h$ 的时段内，采用同一个 n 值往往与实际情况有较大的出入，一般分成若干时间区间分别采用不同的 n 值来拟合。在各省的水文手册或暴雨洪水图集中可查得不同时段 n 值和 μ，并可求得净雨量：

$$h_\tau = P_\tau - \mu\tau = S\tau^{1-n} - \mu\tau \quad t_c \geqslant \tau \tag{5.1-18}$$

$$h_R = Pt_c - \mu t_c = St_c^{1-n} - \mu t_c \quad t_c < \tau \tag{5.1-19}$$

式中：μ 为损失强度，mm/h；其他符号意义同前。

将式（5.1-18）代入式（5.1-12a）得

$$Q_m = 0.278\left(\frac{S}{\tau^n} - \mu\right)F \quad t_c \geqslant \tau \tag{5.1-20}$$

将式（5.1-17）和式（5.1-19）代入式（5.1-12b）得

$$Q_m = 0.278 \frac{1}{\tau} \frac{n\mu}{1-n}\left(\frac{1-n}{\mu}s\right)^{\frac{1}{n}}F \quad t_c < \tau \tag{5.1-21}$$

有些省的水文手册或暴雨洪水图集中建立了 $m - \theta$ ［$\theta = L/J^{1/3}$ 或 $\theta = L/(J^{1/3}F^{1/4})$］关系，并进行了地区综合，供实测资料短缺地区使用。《水利水电工程设计洪水计算手册》中也列出了大多数省份的 $m - \theta$ 关系表，供使用时参考。

【例 5-2】 南方某市区一排涝河道，河长 6.9km，综合比降为 0.003，集水面积为 12.1km²。拟按 20 年一遇排涝标准设计，求 20 年一遇设计排涝流量。

a. 根据该市所在省年最大 1h 暴雨等值线图，计算得该区 20 年一遇 1h 设计暴雨为 102.8mm。查得暴雨衰减指数为 $n = 0.62$。

b. 根据流域特征参数计算 $\theta = 47.8$（此处 J 单位采用万分率），查该省暴雨洪水计算手册中的 $m - \theta$ 关系图，得推理公式参数 $m = 0.65$。μ 值取 2.5mm/h。

c. 假定一组 τ，由式（5.1-20）计算出 Q_m，建立 $Q_m - \tau$ 关系线，如图 5.1-4 所示。

d. 再假定一组 Q_m 值，由式（5.1-14）计算出 τ，在图 5.1-4 上绘制 $\tau - Q_m$ 关系线。

e. 从图上读出两条关系线相交点坐标：$Q_m = 117\text{m}^3/\text{s}$ 和

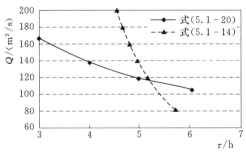

图 5.1-4　20 年一遇流量 $Q_m - \tau$ 关系图

$\tau = 5.2h$。

f. 根据式 (5.1-17)，可知 $t_c > \tau$，符合全面产流计算公式条件，则第 5 步求得的 Q_m 即为所求。因此，该河 20 年一遇设计排涝流量为 117m³/s。

5.1.4 小区管网排水流量计算方法与河道排涝流量关系简析

根据我国城市建设管理体制，小区管网排水一般由市政部门负责，城市排涝河道由水利部门负责。由于不同对象的排水特点、目标要求和技术思路等不同，使得小区管网排水流量计算在设计标准、设计暴雨时段及系列选取方式、产汇流计算等方面与河道排涝流量计算方法有较大的差异。对于承接管网排水的城市排涝河道，其设计排涝流量与排水管网的排水流量是否协调是水利部门十分关心的问题。由于前述两者之间存在诸多差异，两者之间难以建立比较简单而又确切的关系[6]。下面对小区管网排水流量计算方法（下简称"市政法"）与河道排涝流量计算方法（下简称"水利法"）的差异及排水流量标准之间的关系作简要分析说明。

5.1.4.1 方法差异分析

（1）暴雨历时。

小区管网排水中由于各级管道的集水范围较小，地面汇流时间一般在数分钟到数十分钟，最长不超过 120min，因而降雨历时采用 5~120min。而排涝河道由于地处市政管网下游，它将汇集多个小区的市政管网控制范围的来水，集水面积相对较大，汇流路程较长，并且在河道传输过程中尚有一定的调蓄容积，形成河道最大流量的历时相对较长，故设计暴雨历时一般采用 1~24h。因此河道设计排涝流量计算相设计暴雨历时，往往远大于小区管网设计暴雨历时。

（2）设计暴雨选样方法。

城市排水河道选样采用年最大值法。城建部门在规划设计城市管道排水系统时，由于排水面积小，汇流时间短，汇流时间内的暴雨造成的地面涝水对排水工程影响小，一年内甚至可以遭遇数次地面积水情况，选样的方法还有超定量法和超大值法（详见本书 5.1.2.2 节）。

（3）流量计算方法不同。

降雨在面上分布是有差异的，各地河道汇流路径、汇流速度也各不相同的。根据一般规律，洪峰流量随面积呈指数衰减，与面积的关系是非线性关系。由于小区面积小，降水和汇流历时短，管网排水流量采用设计雨期 t 时段内净雨强度乘集水面积计算，不考虑面上、河道等的不均匀性引起的差异是可以接受的。城市排水河道汇水面积较大，汇流的不均匀性不能忽略，因此一般不能用简单的管网流量计算法计算城市排涝河道的设计流量，通常采用可考虑流域汇流的非线性影响的单位线法、推理公式法等计算。

5.1.4.2　设计标准相互关系

　　根据《室外排水设计规范（2016 年版）》（GB 50014—2006），小区管网的设计重现期根据城市的重要性，结合城市类型和城区类型合理选取（见表 5.1-1）。重要干道、重要地区或短期积水能引起严重后果的地区，重现期宜采用 3～5 年，其他地区可采用 2～3 年，在特殊地区还可采用更高的标准。如北京天安门广场的雨水管道，是按 10 年重现期设计的。

　　根据《治涝标准》（SL 575—2016），承接城市管网排水的河道等排涝标准是根据城市的重要性、常住人口、当量经济规模等综合确定（见表 5.1-5），一般在 10～20 年一遇，常住人口在 150 万人、当量经济规模在 300 万人以上的可采用超过 20 年一遇的标准。城市规模大、受淹后损失重的排涝标准高，反之则低，北京市护城河采用 50 年一遇。由此可见，市政部门与水利部门的设计标准有明显差异。

表 5.1-5　　　　　　　　　　城市设计暴雨重现期

重要性	常住人口 /万人	当量经济人口 /万人	设计暴雨 重现期/a
特别重要	≥150	≥300	≥20
重要	20～150	40～300	10～20
一般	<20	<40	10

　　注　当量经济规模为城市涝区人均 GDP 指数与常住人口的乘积。人均 GDP 指数为城市涝区人均 GDP 同期全国人均 GDP 的比值。

5.1.4.3　小区管网排水流量与河道排涝流量的关系简析

　　鉴于小区设计排水流量与河道设计排涝流量的标准、设计暴雨方法及汇流计算方法等方面的不同，难以找到两者之间简单的对应关系。用广东省东莞市某河道实例，分析某小区不同标准的管网排水流量和河道排涝流量。以流量相同为原则，建立小区排水标准与河道排涝标准的关系，从而说明两者之间的关系。

　　某市某一河道主要承担市行政办事中心、中心广场等重要设施的防洪排涝功能。上游某小区面积 2.3km²，河道长度河长 2.91km，综合比降为 0.0015。

　　（1）管网排水流量计算。

　　根据该省暴雨强度公式查算表，可知暴雨强度公式为

$$q=\frac{2378.679(1+0.5823\lg P)}{(t+8.7428)^{0.6774}} \tag{5.1-22}$$

式中：q 为暴雨强度，L/(s·hm²)；t 为降雨历时，min，$t=t_1+mt_2$；t_1 为

地面集水时间，min，视距离长短、地形坡度和地面铺盖情况而定；m 为折减系数，暗管折减系数 $m=2$，明渠折减系数 $m=1.2$，在陡坡地区，暗管折减系数 $m=1.2\sim2$，综合考虑管道、河道汇流，m 采用 1.6；t_2 为管渠内雨水流行时间，min；P 为设计重现期，a，分别采用 0.5 年、1 年、2 年、3 年和 5 年。

管网设计排水流量采用式（5.1-1），径流系数新城区采用 0.7，旧城区取 0.8，集中绿地取 0.15。经计算，管网不同重现期的设计排水量见表 5.1-6。

表 5.1-6　　　　　小区管网不同重现期设计排水量表

重现期/a	0.5	1	2	3	5
流量/(m³/s)	13.3	16.1	18.9	20.6	22.7

（2）河道排涝流量计算。

该省城市河道排涝流量，水利部门采用推理公式法计算。根据流域特征，查算得推理公式汇流参数 $m=0.52$。下垫面覆盖主要以城市建设用地为主，平均损失率取 2.5mm/h。经计算不同重现期排涝流量见表 5.1-7。

表 5.1-7　　　　　河道不同重现期排涝流量表

重现期/a	5	10	20	50
流量/(m³/s)	12.7	16.2	19.7	24.4

（3）相同流量下的重现期比较。

采用表 5.1-6 中小区管网各重现期设计流量，从表 5.1-7 中插值计算出相应水利标准的重现期，结果见表 5.1-8。

表 5.1-8　　　　管网排水标准与河道排涝标准关系对比表

管网重现期/a	0.5	1	2	3	5
相应河道重现期/a	7	12	20	31	45

根据表 5.1-8，市政排水法重现期为 1 年的设计流量 16.1m³/s，相当于水利法的重现期为 12 年一遇的设计流量；市政排水法重现期为 2 年的设计流量 18.9m³/s，相当于水利排涝标准 20 年一遇的设计流量；市政排水法重现期为 3 年的设计流量 20.6m³/s，相当于水利排涝标准 31 年一遇的设计流量。

5.2　海绵城市排涝水文计算

5.2.1　海绵城市的概念

很多城市在规划时对城市发展引起的水文情势变化预估不足，尤其是城市排水河道等基础设施建设滞后，难以满足城市化的快速发展。在城市化过程中，大量的绿地被钢筋混凝土替代，不透水区域不断扩张，暴雨引发的问题越来越突出，严重影响着城市安全和人民群众的生活。一旦降雨，这些不透水区域的雨水径流难以迅速排出，容易发生内涝，甚至威胁城市的水循环系统和生态系统安全。

面对城市化进程带来的不断恶化的水环境问题，美国从 20 世纪初开始相继提出了绿色雨水基础设施（Green Street Infrannstructures，GSI）[7-8]、最佳管理措施（Best Management Practices，BMPs）[9]、低影响开发（Low Impact Development，LID）[10-11]，英国提出了可持续城市排水系统（Sustainable Urban Drainage Systems，SUDS）[12]，澳大利亚提出了水敏感城市设计（Water Sensitive Urban Design，WSUD）[13]。虽然以上城市雨水管理理论的名称、侧重或发展阶段有所差别，但是在根本内涵和发展趋势上殊途同归。出发点都是削减洪峰流量和径流总量，降低雨水污染物含量，补充地下水或者进行雨水回用，减少城市洪涝灾害，改善了城市的生态环境。

2003 年，北京大学俞孔坚和李迪华教授共同出版的《城市景观之路：与市长交流》[14]一书中最早将"海绵具有吸收和释放水"能力比喻自然湿地、河流等对城市径流的调蓄能力。随着我国城市水生态问题日益凸显，越来越多的行业人员开始在实践中探寻解决城市可持续发展雨水问题的方法。

我国学者俞孔坚教授在北京遭遇 2012 年特大暴雨灾害后，向政府部门提出"建立'绿色海绵'解决北京雨洪灾害"的建议。2013 年 10 月于厦门召开的极端暴雨事件和防洪减灾国际学术研讨会上，有不少学者[15-16]建议建设"海绵城市"。由此，在我国建设海绵城市这一理念逐渐被接受和推广。2014 年 2 月，住房和城乡建设部城市建设司在其工作要点中明确提出海绵型城市设想；2014 年 10 月，住房和城乡建设部正式发布《海绵城市建设技术指南——低影响开发雨水系统构建（试行）》[17]（以下简称《指南》）。同年 12 月，财政部、住房和城乡建设部、水利部联合印发了《关于开展中央财政支持海绵城市建设试点工作的通知》（财建〔2014〕838 号），组织开展海绵城市建设试点示范工作，受到全国各省（自治区、直辖市）政府的重视和相关领域人员的广泛关注。

根据《指南》定义，海绵城市顾名思义，是指城市能够像海绵一样，在适应环境变化和应对自然灾害等方面具有良好的"弹性"，下雨时吸水、蓄水、渗水、净水，需要时将蓄存的水"释放"并加以利用。海绵城市通过透水路面、植草沟、下沉式绿地、蓄水池、湿地等城市海绵体，有效滞留、吸收、排放地表径流，加强对城市雨水径流的控制和管理，从而进一步实现缓解城市雨水内涝、提高雨水利用率、降低市政管道建造成本、优化美化城市自然环境等诸多目标,最终构建起可持续性的、协调有序的城市水循环系统。

5.2.2 影响海绵城市排涝能力的主要措施

传统的城市雨水系统过度依靠管网进行排水,使城市下垫面对雨水径流自然的滞蓄、渗透和净化的功能丧失,增大了城市排涝压力。海绵城市建设改变了传统的技术路线和方法,由传统的"末端治理"转为"源头减排、过程控制、系统治理";管控方法由传统的"快排"转为"渗、滞、蓄、净、用、排",实现海绵城市建设的综合目标,充分发挥自然下垫面海绵体功能,既能缓解生态、环境、资源的压力,又能通过灰绿结合,降低工程造价和运维成本。在上述所有类型措施中,对城市排涝流量,尤其是排涝流量峰值影响较大的措施主要有下渗、蓄水、滞水三大类措施。

(1)下渗措施。

下渗措施包括绿地、透水广场、透水道路、渗井、渗透塘等。下渗措施主要是增加降雨下渗补给土壤和地下水的能力,从而减小地表径流,进而影响涝水流量峰值和水量。在前述几种措施中,由于绿地、透水广场、透水道路面积较渗井、渗透塘面积较大,短时间内增加的下渗量相对较大,对地表径流的影响也相对较大。渗井、渗透塘是局部渗透措施,将汇集的雨水通过较长时间下渗补给地下水,短时间内下渗量不大,对涝水流量的影响大小取决于其蓄水能力大小。

(2)蓄水措施。

住宅小区和广场等地的蓄水池可拦蓄一部分地表径流,当拦蓄雨水量达到蓄水容量后不再拦蓄雨水量,并且拦蓄的雨水一般不排入城市雨水系统,而是作为城市绿地用水等的补充消耗掉;城区河湖等湿地,在正常蓄水位以下的蓄水容积可起到拦蓄涝水的作用等。蓄水措施可对城区地表径流产生直接的影响,其影响大小取决于蓄涝容积的大小。

(3)滞水措施。

滞水措施是对城区雨水有滞蓄调节作用的措施,该措施主要是减缓径流出流过程,从而影响涝水流量峰值。主要有河湖、湿地、坑塘、沟、下沉式绿地等,这些既有蓄水作用又具有滞水作用。

城市公共绿地和小区绿化区按照《指南》要求,宜规划建设下沉式绿地。下沉式绿地指低于周边铺砌地面或道路200mm以内的绿地,典型结构如图5.2-1所示。下沉式绿地应满足以下要求:

1)下沉式绿地的下凹深度应根据植物耐淹性能和土壤渗透性能确定,一般为100~200mm。

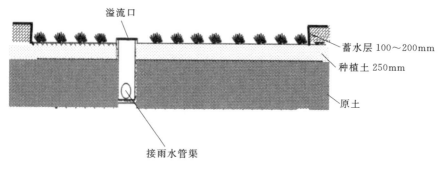

图 5.2-1 下沉式绿地典型结构图

2）下沉式绿地内一般应设置溢流口（如雨水口），以保证暴雨时径流的溢流排放，溢流口顶部标高一般应高于绿地 50～100mm。下沉式绿地一方面大多是草地等透水地面，具有下渗功能；另一方面由于比周边地面低，可以汇集调蓄周边地表径流，通过溢流口缓慢排入城市雨水系统。

5.2.3　海绵城市排涝流量计算

由于海绵城市下垫面条件的变化，以及蓄、滞工程的拦蓄和滞蓄，使海绵城市的产汇流计算与一般城市产汇流计算存在一定的差异。除少数湖泊、水面具有较强的调蓄涝水的作用外，下渗、拦蓄和滞蓄等措施是通过改变产流量或产流时程分配改变涝水流量峰值。

海绵城市排涝流量计算方法有一般的产汇流计算方法和模型计算方法。比较成熟的模型如 SWMM 模型，MIKE SHE 模型等。也可根据需要，依据城市产汇流条件和调蓄水体特点建立专用的模型。模型法计算的优点是可以模拟城市不同区域、不同排水管网和河湖水系组成的复杂排水系统的排水流量过程，缺点是要求的地形、河道、管网等资料十分庞杂，建模过程复杂，计算周期长。模型使用方法详见有关模型使用手册。一般的产汇流计算方法优点是资料相对要求不很高，计算简便，缺点是考虑的因素不如模型法细，采用概化算法，从理论上讲，精度不如模型法。若资料等条件允许时，宜采用模型法计算。当资料等条件不允许时，可采用一般的产汇流方法计算。城市排涝流量计算可根据城区排水系统和排水分区进行，总体思路与一般城区排涝流量计算方法相同，只是在产汇流计算时考虑的因素有所区别，下面介绍一般的产汇流计算方法。

（1）小区管网流量计算。

小区管网流量计算宜根据小区规划及小区产汇流特性差异分区计算。较大蓄涝湖泊、池塘等水面不纳入小区管网计算区，在城市排涝河道系统中考虑。

1）净雨量计算。

设计暴雨计算同本书 5.1.2 节。按照城市管网排水流量计算式（5.1－1），其中的设计暴雨强度 q 乘以径流系数 ψ 为净雨强度，用 r 表示，即

$$r = \psi q \tag{5.2－1}$$

根据式（5.1－2），暴雨强度 q 与汇流时段长度 t 有关，是 t 时段的平均暴雨强度；r 是 t 时段平均净雨强度。

海绵城市条件下，计算设计净雨强度时除考虑下渗外，还需要考虑蓄水、滞水等影响。小区产流计算通常采用径流系数法，通过面积加权，再扣除各类滞蓄措施的滞蓄量。其中透水路面的径流系数，目前研究的结果差异较大，没有统一的标准。从排水安全考虑，透水砖或透水混凝土路面可参照碎石路面和表面处理的碎石路面考虑。区内蓄水池、下沉式绿地、水塘等集蓄的地表径流，不排出或在短时间内不排出。因此，小区平均净雨强度计算中扣除这部分水量的影响。r 计算公式如下：

$$r = \frac{(f_1\psi_1 + f_2\psi_2 + \cdots + f_n\psi_n)qt - (V_{\text{蓄}} + V_{\text{沟塘}} + V_{\text{下沉}})}{Ft}$$

$$= (a_1\psi_1 + a_2\psi_2 + \cdots + a_n\psi_n)q - \frac{V_{\text{蓄}} + V_{\text{沟塘}} + V_{\text{下沉}}}{Ft} \tag{5.2－2}$$

式中：f_1、$f_2 \cdots f_n$ 为不同地类面积且 $f_1 + f_2 + \cdots + f_n = F$；$a_1$、$a_2 \cdots a_n$ 为不同地类面积比例；ψ_1、$\psi_2 \cdots \psi_n$ 为不同地类相应的径流系数（见表 5.2－1）；$V_{\text{蓄}}$ 为小区内蓄水池有效蓄水容积之和，根据海绵城市规划中的蓄水池情况确定；$V_{\text{沟塘}}$ 为小区内小沟塘等有效蓄水容积，根据小区内实际小沟塘蓄水容积确定；$V_{\text{下沉}}$ 为小区内下沉式绿地有效蓄水容积之和，根据小区下沉式绿地情况确定。

表 5.2－1　　　　　　　各汇水面径流系数[17]表

汇 水 面 种 类	径 流 系 数 ψ
绿化屋面（绿植屋顶，基质层厚度≥300mm）	0.30～0.40
硬屋面、未铺石子的平屋面、沥青屋面	0.80～0.90
铺石子的平屋面	0.60～0.70
混凝土或沥青路面及广场	0.80～0.90
大块石等铺砌路面及广场	0.50～0.60
沥青表面处理的碎石路面及广场	0.45～0.55

续表

汇水面种类	径流系数 ψ
级配碎石路面及广场	0.4
干砌砖石或碎石路面及广场	0.4
非铺砌的土路面	0.3
绿地	0.15
水面	1
地下建筑覆土绿地（覆土厚度≥500mm）	0.15
地下建筑覆土绿地（覆土厚度<500mm）	0.30～0.40
透水铺装地面	0.08～0.45
下沉广场（50年及以上一遇）	0.85～1.00

对于没有详细设计的海绵城区规划，各类蓄水容积难以确定时，可根据《指南》中对海绵城市蓄水要求估算。

a. 径流控制率确定。

根据《指南》第3章，我国不同地区划分成5个径流控制目标区，给出了各区年径流总量控制率的最低和最高限值，即Ⅰ区（85%≤α≤90%）、Ⅱ区（80%≤α≤85%）、Ⅲ区（75%≤α≤85%）、Ⅳ区（70%≤α≤85%）、Ⅴ区（60%≤α≤85%）。当海绵城市规划中没有明确的径流总量控制率时，则α取上下限的中值。

b. 设计降雨计算。

根据《指南》，采用当地不少于30年的日降水资料，扣除小于等于2mm的降雨量数据和全部降雪数据，以日降雨量作为一次降雨事件，由小到大顺序排队，绘制日降雨量时历曲线（见图5.2-2），横坐标为日降雨量从小到大的时序号；纵坐标为相应降雨事件的降雨量。

设降雨量P，作水平线，水平线及以下的降雨量时历曲线与坐标轴及最大时序处作的纵向线所围面积为c_1，水平线以上所围面积为c_2。若海绵城市规划中设计的蓄水容积，可使小于等于P产生的径流可以控制起来，则P对应的径流控制率α：

$$\alpha = \frac{c_1}{c_1 + c_2} \tag{5.2-3}$$

假定不同的降雨量，可得到不同的径流控制率，然后建立降雨量P与径流控制率α关系线，如图5.2-3所示。根据该城市的径流控制率，查图5.2-3，可得到相应的设计降雨量。

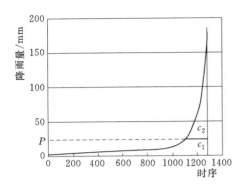

图 5.2-2 日降雨量时历曲线

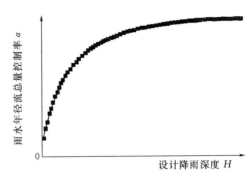

图 5.2-3 降雨量与径流控制率关系曲线示意图

《指南》列出了我国部分城市年径流总量控制率对应的设计降雨量表,详见表 5.2-2[17]63。

c. 设计滞蓄水量总容积。

根据上述方法计算的设计降雨和城区综合径流系数及小区面积,计算设计控制径流总容积,即为海绵城市所要求达到的小区蓄、滞水总容积:

表 5.2-2　部分城市年径流总量控制率对应的设计降雨量值表

城市	不同年径流总量控制率对应的设计降雨量/mm				
	60%	70%	75%	80%	85%
酒泉	4.1	5.4	6.3	7.4	8.9
拉萨	6.2	8.1	9.2	10.6	12.3
西宁	6.1	8	9.2	10.7	12.7
乌鲁木齐	5.8	7.8	9.1	10.8	13
银川	7.5	10.3	12.1	14.4	17.7
呼和浩特	9.5	13	15.2	18.2	22
哈尔滨	9.1	12.7	15.1	18.2	22.2
太原	9.7	13.5	16.1	19.4	23.6
长春	10.6	14.9	17.8	21.4	26.6
昆明	11.5	15.7	18.5	22	26.8
汉中	11.7	16	18.8	22.3	27
石家庄	12.3	17.1	20.3	24.1	28.9
沈阳	12.8	17.5	20.8	25	30.3
杭州	13.1	17.8	21	24.9	30.3
合肥	13.1	18	21.3	25.6	31.3

续表

城市	不同年径流总量控制率对应的设计降雨量/mm				
	60%	70%	75%	80%	85%
长沙	13.7	18.5	21.8	26	31.6
重庆	12.2	17.4	20.9	25.5	31.9
贵阳	13.2	18.4	21.9	26.3	32
上海	13.4	18.7	22.2	26.7	33
北京	14	19.4	22.8	27.3	33.6
郑州	14	19.5	23.1	27.8	34.3
福州	14.8	20.4	24.1	28.9	35.7
南京	14.7	20.5	24.6	29.7	36.6
宜宾	12.9	19	23.4	29.1	36.7
天津	14.9	20.9	25	30.4	37.8
南昌	16.7	22.8	26.8	32	38.9
南宁	17	23.5	27.9	33.4	40.4
济南	16.7	23.2	27.7	33.5	41.3
武汉	17.6	24.5	29.2	35.2	43.3
广州	18.4	25.2	29.7	35.2	43.3
海口	23.5	33.1	40	49.5	63.4

$$V_\text{总} = P\psi F \tag{5.2-4}$$

式中：$V_\text{总}$ 为城区蓄、滞水总容积；P 为径流控制率达到《指南》要求的设计降雨量；ψ 为小区综合径流系数；F 为城区面积。

d. 净雨计算。

参考式（5.2-2），考虑设计滞蓄总容积的净雨计算公式如下：

$$r = (a_1\psi_1 + a_2\psi_2 + \cdots + a_n\psi_n)q - \frac{V_\text{总}}{Ft} \tag{5.2-5}$$

式中符号同式（5.1-2）、式（5.2-2）及式（5.2-4）。

2）设计流量计算。

小区设计排涝流量可按下式计算：

$$Q = rF \tag{5.2-6}$$

式中：Q 为小区设计排水流量；r 为海绵城市条件下的净雨；F 为小区面积。

【例 5-3】　某城市小区面积 1.02km²，长度 960m。根据城市规划，建筑物等不透水面积占 65%，透水道路、广场、停车场面积占 8.5%；绿地率 25%，其中下沉式绿地总面积占 30%；蓄水池、小沟塘等有效蓄水容积共

0.38 万 m^3，水面面积占 0.5％，求小区排水总管 2 年一遇排水流量。

a. 设计降雨计算。

该市城市暴雨公式如下：

$$q=\frac{3600(1+0.76\lg P)}{(t+14)^{0.84}}$$

式中：q 为暴雨强度，L/(s·hm^2)；t 为降雨历时，min，$t=t_1+mt_2$；t_1 为地面集水时间，min，视距离长短、地形坡度和地面铺盖情况而定，一般取 10～15min；m 为折减系数，暗管折减系数 $m=2$，明渠折减系数 $m=1.2$，在陡坡地区，暗管折减系数 $m=1.2～2$。综合考虑管道、河道汇流，m 采用 1.6；t_2 为管渠内雨水流行时间，min。

根据城市管网排水规划，计算得管网汇流时间 21.8min，地面汇流时间取 10min，综合汇流时间 $t=45$min。由合肥市城市暴雨公式计算得

$$q=\frac{3600(1+0.76\lg2)}{(45+14)^{0.84}}=144[L/(s·hm^2)]$$

b. 净雨计算。

查表 5.2-1，不透水面积径流系数取 0.85，透水广场、道路等径流系数可取 0.4，绿地径流系数取 0.15，水面径流系数取 1。由式（5.2-2）并考虑单位转换得净雨强度为

$$r=(0.65\times0.85+0.085\times0.4+0.25\times.15+1\times.005)\times144-\frac{0.38\times10^7}{1.05\times100\times45\times60}$$

$$=77.2L/(s·hm^2)$$

c. 设计流量计算。

由式（5.2-6）得

$$Q=rF=77.2\times1.05\times100=8106(L/s)$$

若不考虑海绵城市设计，透水广场、路面等均设计为不透水面积，蓄水面积仅有很小的水塘，有效蓄水容积仅 0.10 万 m^3。其净雨强度为

$$r=(0.735\times0.85+0.25\times.15+1\times.005)\times144-\frac{0.100\times10^7}{1.05\times100\times45\times60}$$

$$=99.1[L/(s·hm^2)]$$

设计流量为

$$Q=rF=99.1\times1.05\times100=10403(L/s)$$

不采取海绵城市设计的管网流量比采取海绵城市设计的管网排水流量大 28.3％。由此可见，采取海绵城市设计可有效减小排涝流量。

（2）海绵城市排涝河道排水流量计算。

对于城区内仅有比较分散、调蓄涝水能力较弱的蓄、滞水设施和小池、小

塘等的排涝河道，产流计算时需要考虑透水广场、绿地、道路下渗及蓄水池、下沉式草地及池塘等的拦蓄水量的影响，按照传统的产汇流计算思路，先计算河道控制断面以上集水区面积上的净雨深；汇流计算可采用一般城区常规的汇流计算方法进行。下面介绍海绵城市条件下的产流计算。

1）初损后损法。

初损量的估算除按传统方法计算外，还需要考虑蓄水池、下沉式草地及池塘等的拦蓄水量，估算方法同本节小区净雨计算。在产流计算时，通常流量用净雨深表达，初损量计算如下：

一般初损量包括植物截留和填洼损失。参考有关资料，植物截留量一般在5～10mm之间，稀疏林草地可取小些、茂密的林草地可取高些。不透水地面的初损量为2.5mm左右，透水地面初损量通常在5～13mm，详见表5.2-3。初损量还需要考虑下沉绿地、蓄水池、湖泊、水塘等拦蓄量，这部分拦蓄量计算方法同本书5.1.4.3节小区管网流量计算部分内容。

表5.2-3 不同下垫面初损填洼量[18]

下垫面类型	填洼量/mm	建议值/mm
不透水大面积铺砌	1.3～3.8	2.5
屋顶（平）	2.5～7.6	2.5
屋顶（有坡度）	1.3～2.5	1.3
透水草地	5.1～12.7	7.6
树木和耕地	5.1～15.2	10.2

$$\left.\begin{aligned} I_{初损} &= I_{截留} + I_{填洼} + I_{拦蓄} \\ I_{截留} &= a_{截1}I_{截1} + a_{截2}I_{截2} + \cdots + a_{截n}I_{截n} \\ I_{填洼} &= a_{填1}I_{填1} + a_{填2}I_{填2} + \cdots + a_{填m}I_{填m} \\ I_{拦蓄} &= 10\frac{V_{蓄} + V_{下沉} + V_{湖塘}}{F} \end{aligned}\right\} \quad (5.2-7)$$

式中：$I_{初损}$为初损量，mm；F为河道某设计断面对应流域面积，km^2；$I_{截留}$为流域植物截留量，mm；$I_{截i}$为地面为第i类植被所对应的截留量，mm；面积比例为$a_{截i}$，$i=1$，2，$\cdots$，n；$I_{填洼}$为填洼量，mm；$I_{填i}$为第i类下垫面类型相应的填洼量，mm，相应第i类下垫面类型面积比例为$a_{截i}$，$i=1$，2，$\cdots$，m；$I_{拦蓄}$为拦蓄量，mm；$V_{蓄}$、$V_{下沉}$、$V_{湖塘}$分别为蓄水池、下沉式绿地和湖塘等的有效拦蓄总容积，万m^3。

后损法需要考虑增加的透水广场、绿地、道路当土壤达到饱和时的稳定下渗强度。根据《透水水泥混凝土路面技术规程》（CJJ/T 135—2009），透水水泥混凝土路面的孔隙率应达到11%～17%，透水系数达到0.5mm/s；根据《透水路面砖和透水路面板》（GB/T 25993—2010），透水砖渗透系数A级为2×

$10^{-2}\,mm/s$，B级为 $1\times10^{-2}\,mm/s$。透水道路一般表层是透水砖或透水水泥等路面，下面是孔隙度远大于路面的找平层和基层，透水性远大于路面层。再下面是土层，其中土层的参透系数一般在 $10^{-3}\sim10^{-6}\,mm/s$ 量级，透水性是最小的。根据饶玲丽等人[19]研究，透水路面使用一年后，由于污物大量渗入，堵塞了孔道，其透水率降低至 1/3 左右。由此可见，透水路面在使用一定时间后，其下渗能力也较一般土质透水地面的下渗能力强。在复杂地层下渗过程中，地面下渗能力受渗透能力最小的地层控制。因此，透水路面、透水广场等的稳定下渗能力可按照一般透水地面计算，具体后损量可根据不同下垫面情况参考各省暴雨洪水图集或水文手册，通过面积加权确定。

2）径流系数法。

径流系数法可先按照一般城市径流系数法（参见本书 3.2.3 节）计算，然后再扣除蓄水池、下沉式草地及池塘等的拦蓄量。蓄水池、下沉式草地及池塘等拦蓄量计算方法同本书 5.1.4.3 节小区管网流量计算部分内容。

3）综合法。

不透水面积采用扣损法，透水区面积采用降雨径流关系法或径流系数法，通过加权平均计算得到河道控制断面以上径流深，然后再扣除拦蓄水量。

【例 5 - 4】 某城市排水河段长 8.2km，河道比降 0.0005，集水面积 16.8km²。建筑物等不透水面积比例占 55.3%，透水广场、停车场、道路 10.2%（其中植草砖地面占 25%），草地占 26%（草场中下沉式绿地占 30%），林地占 6%，水面占 2.5%，蓄水池容积 2.50 万 m³、水塘等景观水面有效蓄水容积 12.2 万 m³。求 20 年一遇排涝流量。

a. 设计暴雨计算。

根据该城市所在省区 24h 暴雨等值线图，查得 24h 暴雨均值 110mm，$C_v=0.52$，$C_s=3.5C_v$，则 20 年一遇设计暴雨量为 213mm。

根据该省暴雨时程分配得到时段为 1h 的暴雨 P 的过程，见表 5.2 - 4。

表 5.2 - 4　　　　　　　　　初损后损法净雨量计算表

时段/h	降雨量/mm	初损量/mm	后损量/mm	净雨量/mm
1~4	0	0		0.0
5	5.1	5.1		0.0
6	5.1	5.1		0.0
7	6.0	6.0		0.0
8	6.0	6.0		0.0
9	6.0	6.0		0.0

时段/h	降雨量/mm	初损量/mm	后损量/mm	净雨量/mm
10	6.0	0.1	2	3.9
11	6.8		2	4.8
12	6.8		2	4.8
13	6.8		2	4.8
14	9.8		2	7.8
15	9.8		2	7.8
16	9.8		2	7.8
17	19.6		2	17.6
18	76.7		2	74.7
19	12.3		2	10.3
20	6.8		2	4.8
21	6.8		2	4.8
22	6.8		2	4.8
合计	213	28.3	26.0	158.7

b. 净雨过程计算。

采用初损后损法计算。植物截留量：草地及植草砖地取 5mm，林地取 8mm。

填洼量：不透水地面取 2.5mm；透水广场、停车场及道路中，植草砖填洼量按草地计算，取 7.6mm，其他按不透水地面计，取 2.5mm；林地取 10.2mm。

按式 (5.2-7)：

$I_{截留} = (0.26 + 0.102 \times 0.25) \times 5 + 0.06 \times 10.2 = 2.0 \text{(mm)}$

$I_{填洼} = (0.553 + 0.102 \times 0.75) \times 2.5 + (0.26 + 1.02 \times 0.25) \times 7.6$
$\qquad + 0.06 \times 10.2 = 6.1 \text{(mm)}$

下沉式绿地滞蓄水深按 100mm 计，面积 $= 0.26 \times 0.3 \times 16.8 = 1.31 (\text{km}^2)$，滞蓄水量 $= 100 \times 1.31 \times 10^{-1} = 13.1 (\text{万 m}^3)$。

$$I_{拦蓄} = 10 \times \frac{2.5 + 13.1 + 15.3}{16.8} = 18.4 \text{(mm)}$$

$$I_{初损} = 2 + 6.1 + 18.4 = 28.3 \text{(mm)}$$

后损量主要是针对透水地面。根据该省水文手册，取 2mm/h。

根据初损后损法计算方法，得净雨 r 的过程，见表 5.2-4。

c. 汇流计算。

①汇流单位线计算。

由于地区综合单位线法及推理公式法难以考虑城市海绵化对汇流条件的影响，并且大多数城市没有地区综合法及推理公式计算参数。等流时线法汇流计算时，其汇流速度和汇流时间可考虑不同下垫面条件的影响，并且可以考虑流域的不同长度及不同坡度的影响，因此采用等流时线法汇流计算比较方便。

根据本书5.1.3.1节式（5.1—5）计算汇流时间。地表类型参数不透水地面取0.02，非植草透水地面按粗糙地表取0.2，草地取0.4，林地取0.8。根据下垫面不同加权得流域综合地表类型参数（扣除水面）$K = (0.553 \times 0.02 + 0.102 \times 0.75 \times 0.2 + (0.102 \times 0.25 + 0.26) \times 0.4 + 0.08 \times 0.8)(1-0.025) = 0.21$。则汇流时间：

$$T = 0.608 \left(\frac{0.21 \times 9.2}{\sqrt{0.0005}} \right)^{0.478} = 4.88(\text{h})$$

本汇水区流域面积16.8km²，计算时段取1h。则将流域划分成5个等流时区，各区面积，并按式（5.1—4）转换成单位线，成果见表5.2—5。

表 5.2－5   等 流 时 线 单 位 线

等流时区/h	等流时区面积/km²	单位线/[m³/(s·mm)]
1	2.02	0.562
2	3.02	0.84
3	4.7	1.307
4	4.2	1.168
5	2.86	0.795
合计	16.8	

②汇流计算成果。

由净雨过程和汇流单位线得到河道汇流计算成果，见表5.2—6。

表 5.2－6   汇 流 计 算 成 果 表

时段/h	净雨量/mm	等流时区流量/(m³/s)					总流量/(m³/s)
		0.562	0.840	1.307	1.168	0.795	
5	0.0	0.00					0
6	0.0	0.00	0.00				0
7	0.0	0.00	0.00	0.00			0
8	0.0	0.00	0.00	0.00	0.00		0
9	0.0	0.00	0.00	0.00	0.00	0.00	0

续表

时段/h	净雨量/mm	等流时区流量/(m³/s)					总流量/(m³/s)
		0.562	0.840	1.307	1.168	0.795	
10	3.9	2.19	0.00	0.00	0.00	0.00	2.19
11	4.8	2.70	3.28	0.00	0.00	0.00	5.98
12	4.8	2.70	4.03	5.10	0.00	0.00	11.8
13	4.8	2.70	4.03	6.27	4.56	0.00	17.6
14	7.8	4.38	4.03	6.27	5.61	3.10	23.4
15	7.8	4.38	6.55	6.27	5.61	3.82	26.6
16	7.8	4.38	6.55	10.19	5.61	3.82	30.6
17	17.6	9.89	6.55	10.19	9.11	3.82	39.6
18	74.7	41.98	14.78	10.19	9.11	6.20	82.3
19	10.3	5.79	62.75	23.00	9.11	6.20	107
20	4.8	2.70	8.65	97.63	20.56	6.20	136
21	4.8	2.70	4.03	13.46	87.25	13.99	121
22	4.8	2.70	4.03	6.27	12.03	59.39	84.4
23			4.03	6.27	5.61	8.19	24.1
24				6.27	5.61	3.82	15.7
25					5.61	3.82	9.43
26						3.82	3.82

思 考 题

1. 城市化对水文情势有哪些影响？城区涝水流量计算有什么特点？
2. 为什么小区管网排水流量计算方法不能用于城区河道排涝流量计算？
3. 为什么推理公式可适用于城区河道排涝计算？
4. 小区管网排水设计暴雨与城市河道排涝设计暴雨计算有何区别？
5. 涝区面积与涝区集水面积有何区别？在实际计算排涝流量时应采用哪种面积？

参 考 文 献

［1］ 王江波，张茜，吴丽萍，等. 我国城市内涝问题研究综述［J］. 安徽农业科学，2013，41 (30).
［2］ 中华人民共和国建设部. 室外排水设计规范（2016 年版）：GB 50014—2006［S］. 北

京：中国计划出版社，2016.

[3] 任伯帜，邓仁建. 城市地表雨水汇流特性及计算方法分析 [J]. 中国给水排水，2006，22（14）.

[4] 陈家琦，张恭肃. 小流域暴雨洪水计算 [M]. 北京：水利电力出版社，1984.

[5] 水利部长江水利委员会水文局，水利部南京水文水资源研究所. 水利水电工程设计洪水计算手册 [M]. 北京：水利电力出版社，1995.

[6] 费永法，李臻. 市政排水标准与水利排涝标准关系综合比较分析 [J]. 治淮，2014（7）.

[7] Lauzen C. Kane County 2040 Green Infrastructure Plan，4th Draft [M] . Kane County：Kane County Board，2013.

[8] USEPA. Green Infrastructure Opportunities and Barriers in the Greater Los Angeles Region [R] . EPA 833 - R - 13 - 001，2013.

[9] EDAW. Urban Stormwater - Queensland best practice environmental management guidelines 2009，Technical Note：Derivation of Design Objectives [R]. Ecological Engineering Practice Area，2009.

[10] Department of Energy and Water Supply. Queensland Urban Drainage Manual：Third edition 2013—provisional [R]. U. S. Queensland Government，2013.

[11] Thurston County Water Resources. Low Impact Development Barriers Analysis [R]. Washington：Thurston County，2011.

[12] Wallingford HR. The SUDS manual [R] . London：Environment Agency，2007.

[13] Floyd J，Iaquinto B L，Ison R，et al. Managing complexity in Australian urban water governance：Transitioning Sydney to a water sensitive city[J]. Futures，2014，61：1 - 12.

[14] 俞孔坚，李迪华. 城市景观之路：与市长交流 [M] . 北京：中国建筑工业出版社，2003.

[15] Ignacio F. Bunster - Ossa. SpongeCity [M] //Pickett STA，Cadenasso ML，McGrath B. Resilience in Ecology and Urban Design：Linking Theory and Practice for Sustainable Cities. New York：Springer，2013：301 - 306.

[16] Liu CM，Chen J W，Hsieh Y S，et al. Build Sponge Eco-cities to Adapt Hydroclimatic Hazards [M] //Filho W L. Handbook of Climate Change Adaptation. Berlin：Springer，2014：1 - 12.

[17] 中华人民共和国住房和城乡建设部. 海绵城市建设技术指南——低影响开发雨水系统构建（试行） [EB/OL]. 2014 - 10 - 22. http：//www. mohurd. gov. cn/wjfb/201411/t20141102 - 219465. html.

[18] 朱元甡，金光炎. 城市水文学 [M]. 北京：中国科学出版社，1991.

[19] 饶玲丽，曹建新，郝增韬. 透水砖发展状况及其推广建议 [J]. 砖瓦世界，2011（3）.

6 承泄区设计排涝水位和潮位

承泄区是涝区外承泄或者容纳涝水的江河、湖泊和海洋等区域[1]。对于自排河道而言，承泄区涝水入汇点水位是自下而上排涝水位演算的起始点设计水位。相同排涝流量条件下，起排水位高，则排涝水面比降就小。根据曼宁公式可知，在相同排涝流量条件下，就需要开挖更大的河道断面。由于平原地区河道比降平缓，起排点水位高低几厘米，有可能影响数公里甚至十数公里河段的设计排涝水位。对于抽排而言，承泄区设计水位是确定抽排装机设计扬程的一个重要指标。排涝流量一定的条件下，承泄区设计水位越高，则抽排的扬程越大，需要配套的电机功率就越大，运行消耗的电能就越多。因此，承泄区设计排涝水位的高低，对治涝工程量、投资或运行费用可产生较大的影响。

承泄区设计排涝水位，需要结合承泄区水文特征、地形条件等因素综合确定。分析计算承泄区设计涝水位是治涝水文计算的任务之一。海洋（包括感潮河段）水文特征最大的特点是受潮汐影响每日有周期性高潮和低潮，这一特点对排涝影响较大。因此，计算海域或感潮河段设计排涝水位的要求与内陆江河湖泊承泄区的要求有所不同。

6.1 内河湖泊排涝水位

有些承泄河道和湖泊进行过治涝规划，已明确了设计涝水位。有些承泄河湖则可能没有设计涝水位。不同情况宜采取不同的方法确定。

6.1.1 自排河湖起始水位

对于自排情况，承泄区设计水位确定的一般原则是：当涝区设计暴雨与承泄区水位同频率遭遇的可能性较大时，宜采用与涝区设计暴雨同频率水位；当与涝区暴雨遭遇的可能性小时，宜采用排涝期多年平均最高水位。

有些承泄区有治涝规划及河道控制节点治涝水位，则可根据承泄河道排涝规划，查到河道主要控制站、建筑物或主要支流汇入点等控制节点的设计治涝水位列表。根据涝区排水河道汇入承泄河道位置，选取上、下游附近节点设计治涝水位，按距离线性进行插值计算，得到涝水汇入点的设计排涝水位。承泄区为狭长形湖泊时，排涝河道起始点水位可参照河道型承泄区的办法处理。当湖泊形状接近方形或圆形（长宽比较小）时，可直接采用湖泊的设计涝水位。

当承泄区无涝水规划时，承泄区设计涝水位可根据实测水文资料、地形特征等进行分析确定。

（1）由邻近实测水位资料推求。

当邻近有实测水位站，河势较为稳定，断面冲淤影响小，人类活动对水位的影响较小，且有 30 年以上实测水位资料时，可根据实测水位资料进行频率分析计算设计治涝水位。

有些测站可能因特殊原因，如水测位置发生变化，或水测零点因受基础沉降等发生变化，或水位基准面变化等，使不同年份观测的水尺读数值不在统一的基准面上，需要进行水位基准面的一致性修正。因此，首先需要核查水位站沿革，了解测站位置是否变动，以及水测基准的变化情况，将实测水位系列修正到同一高程基准上。

因不同地区地形条件不同，水位测站基准点高程大多数会较大，如海拔数十米，甚至数百米，但水深变幅通常只有数米和十数米，如直接使用水位进行频率分析，系列特征可能不符合常用的频率曲线线型，以及由于地形基数值较高使得水位值较大，导致参数值较小的误差引起设计值的较大误差，参数确定困难。在《水利水电工程水文计算规范》（SL 278—2002）中指出，可将实测水位值减去河道断流水位或实测最低水位后进行频率分析计算，然后再加上减去的水位值，得到设计水位值。

推求设计水位一般步骤如下：

1）根据历年实测水位资料，得到年（或排涝期）最高水位系列，并根据水位站历年高程基准变化情况，将水位系列的高基准统一换算至采用的高程基准。

2）根据历年实测资料，确定断流水位（或历年最低水位）作为计算"零点水位"。

3）实测水位减去"零点水位"，得到相对于"零点水位"以上的实测相对水深系列。

4）对相对水深系列进行频率分析，求得不同频率的相对水深设计值。

5）不同频率的相对水深设计值加上"零点水位"，得到不同频率的设计排涝水位。

6）根据排涝河道汇入点与水位测站相对位置，按水面比降或通过水面线演算得到排涝河道汇入点水位。

【例 6-1】 根据沿淮支流西淝河治涝要求，治涝标准 5 年一遇。需确定承泄河道淮河干流的设计涝水位。

考虑淮干洪水期与西淝河洪涝水同步性较好，淮干洪水与支流涝水遭遇的概率大，因此按除涝 5 年一遇同频率计算承泄区设计除涝水位。根据有关规划，淮河干流有 20～100 年一遇的防洪水位，没有分析确定过 5 年一遇治涝水位。根据水文资料，凤台水位站是距西淝河支流入淮河口最近的水位站，在入淮口上游约 5.1km。依据凤台水位站 1961—2003 年历年最高水位资料（详见表 6.1-1）分析承泄区 5 年一遇设计水位。

表 6.1-1　　　　　　　　凤台年最高水位、最大水深表

年份	年鉴表中数据/m	1956 黄海高程系/m	1985 国家高程基准/m	最大水深/m	年份	年鉴表中数据/m	1956 黄海高程系/m	1985 国家高程基准/m	最大水深/m
1961	18.68	18.57	18.48	3.33	1983	23.86	23.75	23.66	8.51
1962	21.46	21.35	21.26	6.11	1984	23.49	23.38	23.29	8.14
1963	24.28	24.17	24.08	8.93	1985	20.73	20.62	20.53	5.38
1964	23.19	23.08	22.99	7.84	1986	21.48	21.37	21.28	6.13
1965	23.31	23.20	23.11	7.96	1987	22.73	22.62	22.53	7.38
1966	17.45	17.34	17.25	2.10	1988	19.24	19.13	19.04	3.89
1967	19.38	19.27	19.18	4.03	1989	22.41	22.30	22.21	7.06
1968	24.99	24.88	24.79	9.64	1990	19.85	19.74	19.65	4.50
1969	24.26	24.15	24.06	8.91	1991	25.14	25.03	24.94	9.79
1970	20.63	20.52	20.43	5.28	1992	18.46	18.35	18.26	3.11
1971	22.44	22.33	22.24	7.09	1993	18.8	18.69	18.60	3.45
1972	23.16	23.05	22.96	7.81	1994	18.6	18.49	18.40	3.25
1973	21.32	21.21	21.12	5.97	1995	19.37	19.26	19.17	4.02
1974	20.02	19.91	19.82	4.67	1996	24.37	24.26	24.17	9.02
1975	24.75	24.64	24.55	9.40	1997	19.54	19.43	19.34	4.19
1976	19.57	19.46	19.37	4.22	1998	24.19	24.08	23.99	8.84
1977	20.85	20.74	20.65	5.50	1999	19.28	19.17	19.08	3.93
1978	18.50	18.39	18.30	3.15	2000	22.26	22.15	22.06	6.91
1979	21.70	21.59	21.50	6.35	2001	18.16	18.05	17.96	2.81
1980	23.02	22.91	22.82	7.67	2002	23.86	23.75	23.66	8.51
1981	18.88	18.77	18.68	3.53	2003	25.53	25.42	25.33	10.18
1982	25.05	24.94	24.85	9.70	均值				6.24

a. 检查凤台站历年水位基准变化情况，发现年鉴采用的均为 1956 黄海高程系，基准改正值为 −0.11m（表中水位加上改正数后即为 1956 黄海高程系

144

以上水位值）。治涝工程采用的是 1985 国家高程基准。1956 黄海高程系与 1985 国家高程基准在该地区的差值为 0.09m。

b. 根据凤台站历年实测水位资料，得历年实测最低水位为 15.15m。将实测水位系列减去 15.15m，得到相对水深系列。

c. 采用相对水深系列进行频率分析，得到 5 年一遇设计水深水 8.87m，如图 6.1-1 所示。

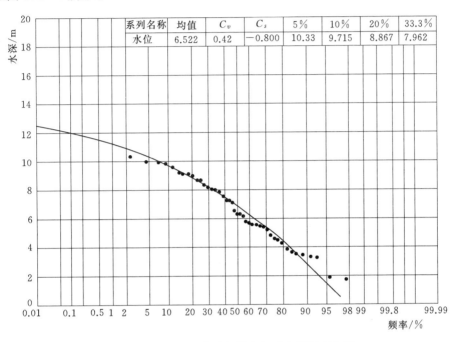

系列名称	均值	C_v	C_s	5%	10%	20%	33.3%
水位	6.522	0.42	−0.800	10.33	9.715	8.867	7.962

图 6.1-1 淮干凤台站年最大相对水深频率曲线

d. 将设计水深加上历年实测最低水位 15.15m，得 5 年一遇设计水位 24.02m。

e. 该河段水面比降约 1/20000。将凤台 5 年一遇设计水位，按比降法计算西淝河口处的 5 年一遇设计水位为 23.77m。

（2）采用实测流量资料进行计算。

当邻近有水文站，人类活动对流量的影响较小，测站点不同年代河床有明显变化时，可采用实测流量系列进行分析，然后采用近期的水位流量关系推求水文站设计水位，再通过水面线演算或水面比降法求得支流汇入点的设计涝水位。

（3）采用降雨资料计算。

当邻近无水文或水位测站、上游有雨量站满足设计暴雨计算要求时，可采用实测雨量资料计算。首先计算出设计暴雨，再计算出设计流量，然后按上一条的方法计算承泄区的设计水位。由设计暴雨计算设计流量的方法参见有关手册[2]。

6.1.2 泵站抽排外河设计水位

根据《泵站设计规范》（GB/T 50625—2010），泵站抽排承泄河道设计水位取 5～10 年一遇 3～5d 平均洪水位。

当邻近有实测水位站，人类活动对水位的影响较小，且有 30 年以上实测水位资料时，可采用实测水位资料进行频率分析确定。根据规范要求，需要计算年最高 3～5d 平均水位系列。原则上涝区面积不大，抽排时间相对较短时宜采用 3d 平均水位；抽排时间相对较长、以水稻作物为主的大型涝区可采用 5d 平均水位。

年最大 3d（或 5d）平均最高水位系列计算步骤是：

（1）从水文年鉴上核查历年水位基准面修正值情况。

（2）选取每一年最大洪水期逐日水位资料，对需要修正的实测水位进行修正。

（3）根据逐日平均水位资料计算连续 3d（或 5d）滑动平均水位，每年选取一个最大值，组成连续 3d（或 5d）平均最高水位系列。

（4）根据历年实测水位资料，确定断流水位（或历年最低水位）作为"零点水位"，历年最大 3d（或 5d）平均最高水位减去"零点水位"，得到 3d（或 5d）平均最大相对水深系列。

（5）进行频率分析，确定 5～10 年一遇 3d（或 5d）平均相对水深，再加上"零点水位"，得到 5～10 年一遇 3d（或 5d）平均最高排涝水位。

6.2 沿海洼地、感潮河段排涝潮型和排涝潮位

6.2.1 海潮及其与排涝的关系

（1）海潮。

由于海水受天体运行（月球和太阳）的影响，潮位呈周期性的涨落形成潮汐。受风向、风力以及天体引力等综合因素影响，每一周期的最高潮位和最低潮位是各不相同的。不同地区的潮汐周期也不尽相同，大致有三种类型：

1）半日潮型：一个太阳日内出现两次高潮和两次低潮，前一次高潮和低潮的潮差与后一次高潮和低潮的潮差大致相同，涨潮过程和落潮过程的时间也几乎相等（6h12.5min）。我国渤海、东海、黄海的多数地点为半日潮型，如

大沽、青岛、厦门等。

2）全日潮型：一个太阳日内只有一次高潮和一次低潮，如南海汕头、渤海秦皇岛等。南海的北部湾是世界上典型的全日潮海区。

3）混合潮型：一月内有些日子出现两次高潮和两次低潮，但两次高潮和低潮的潮差相差较大，涨潮过程和落潮过程的时间也不等；而另一些日子则出现一次高潮和一次低潮。我国南海多数地点属混合潮型。如榆林港，15d 出现全日潮，其余日子为不规则的半日潮，潮差较大。

（2）感潮河段。

涨潮时，潮波向内河传播，水位上涌，但潮波的波高逐渐衰减，潮位差越来越小直至零。入海河口到潮位差为零处的河段为感潮河段。如长江从安徽池州的大通站到入海段为感潮河段。在感潮河段内，水位呈现与潮汐相同的周期性变化，越向下游这种现象越明显。

（3）潮位与排涝的关系。

当承泄区为大海或感潮河段时，承泄区水位受潮汐影响呈周期性涨落变化。当承泄区水位低于排涝河道水位时，涝水可自排入承泄区；当承泄区水位高于排涝河道时，涝水就失去自排条件，此时若要排除涝水，只能采取泵站抽排。对于不同的排涝河道，由于地形条件、潮汐特征，以及治涝要求的不同，有些排涝河道可完全自排入承泄区，有些可能要抽排，有些可能既有自排的时机，又需要结合抽排。

对于低潮位时有自排机会、高潮位时不能自排的情况，在治涝规划时需要分析一定治涝标准下有多少时间可自排、自排水量有多少，是否需要泵站抽排、抽排涝水量有多少，泵站规模需多大等等。对于上述内容，仅分析设计高潮位是不够的，还需要有完整的潮位过程。

6.2.2 设计排涝潮位和排涝潮型计算

我国海岸线较长，各地气象特征和潮位特征各不相同，有些地方涝水与潮位遭遇的概率高些，有些地区涝水与潮位不遭遇。各地涝水与潮位遭遇的情况不同，形成的设计排涝潮位计算方法也不尽相同，比较多见的有频率分析法和实际年型洪涝遭遇组合分析法。下面介绍比较有代表性的江苏省和浙江省设计排涝潮位确定的方法。

6.2.2.1 频率分析法

江苏省通常采用频率分析法[3]确定设计排涝潮位及潮型。该省地处我国东部，濒临东海北部和黄海南部，海岸线从南到北长达 900 多公里。潮汐类型为半日潮，即一日两潮。江苏沿海地区多为平原，入海支流众多，洪涝灾害问题突出。江苏省在滨海河湖洼地的治涝方面，通过大量的工程实践，积累了丰富的经验，在设计潮位和治涝方面总结出比较实用的办法，通常采用频率分析法确定设计排涝潮位和排涝潮型。

确定设计排涝特征潮位考虑两个因素，即排涝持续时间和潮位特征。

（1）排涝持续时间。

根据该地区降雨特性、下垫面特征和农作物排涝需求。江苏省每年5～9月份排水量较多，在此季节沿海沿江农田大多种植水稻，考虑水稻的耐淹特性，排涝天数按3d降雨后1d排完确定，即4d。

（2）潮位特征。

由于受不同时间风向、风力、洋流等影响，每日两潮的最高潮位和最低潮位是不相同的，分别称作大潮和小潮，大潮的最高水位通常称作高高潮位，小潮的最高水位通常称作高低潮位。考虑对排涝较为不利，结合地形条件，沿海地区地形较低，低潮时抢排机会少，设计排涝潮位采用高高潮位。沿江涝区地势相对高一些，抢排机会多一些，设计排涝潮位采用高低潮位。

（3）设计潮位和潮型。

沿海涝区设计潮位采用历年连续4d最大高高潮位平均值系列，进行频率分析，取频率为50%的潮位作为设计潮位。也有一些省经分析涝水期与高潮位遭遇的概率较高，选择3～5年一遇高高潮位作为设计潮位。

选择高高潮位接近设计潮位的典型日潮位过程作为设计潮型。根据设计潮位与典型潮型的最高潮位的差值比例修正典型潮位过程线。

【例6-2】 新沭河下段是兼具防洪和排涝任务的入海河道，需分析入海口设计潮位和潮型。

a. 采用距离新沭河口较近的潮位站进行分析，统计连续4d最高潮位，选择连续4d年最高潮位。

b. 设计采用的是85国家高程基准，潮位观测资料是以青岛零点为基准。对潮位系列进行基准面修正。

c. 对潮位系列进行频率分析，结果如图6.2-1所示，得到50%设计潮位2.98m。

d. 从实测潮位资料中选择与50%设计潮位接近的几次潮位过程线，经综合比较选取较有代表性的潮位过程，作为典型潮位过程。

e. 用设计潮位2.98m与典型潮位过程的最高潮位值的比值，缩放典型潮位过程，得到最高潮位等于设计潮位的潮位过程线，该潮位过程线即为设计排涝潮型（潮位过程线），如图6.2-2所示。

6.2.2.2 实际年型法

实际年型法是指通过多年实测潮位资料分析，选取某一年作为设计排涝潮位和潮型的方法。通常假定涝水与潮位是相互独立的事件，即涝区发生大暴雨

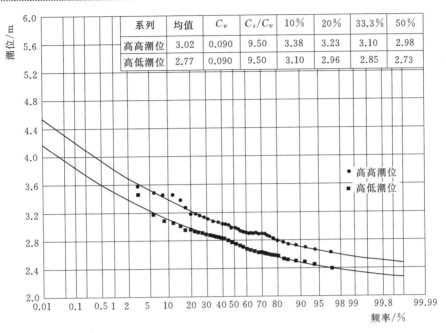

系列	均值	C_v	C_s/C_v	10%	20%	33.3%	50%
高高潮位	3.02	0.090	9.50	3.38	3.23	3.10	2.98
高低潮位	2.77	0.090	9.50	3.10	2.96	2.85	2.73

图 6.2-1 新沭河入海口年高高潮、高低潮位频率曲线

与承泄区相应高潮位之间没有明显的规律性，如图 6.2-3 所示；或设计标准涝水遭遇较高潮位概率不大。

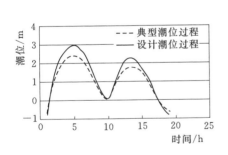

图 6.2-2 新沭河入海口设计潮型图

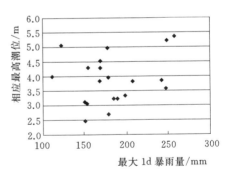

图 6.2-3 最大 1d 暴雨与相应潮关系图

涝水与潮汐成因不同。前者来自暴雨，可以用暴雨重现期代表相应涝水的重现期。后者表现为潮水位的高低，而潮水位高低一般情况下取决于天文因素及风速、风向等因素，两者形成的机理各不相同，可以认为是相互独立的事件。但在某些情况下，可能存在一定的联系。如当台风或热带风暴侵袭时，沿海涝区通常发生大暴雨，由于台风和热带风暴同时会引起沿海增水现象，而对沿海潮位造成一定的影响。但这种相互联系程度不同地区各不相同。

分析杭嘉湖东部平原某涝区与钱塘江杭州湾统计分析暴雨及同期相应潮位资料可知，暴雨与潮位遭遇方面不存在明显的规律，两者之间可视为互相独立的事件（见图 6.2-3）。因此，涝水与平均潮位遭遇的组合比较合适。选取排涝潮型时以影响排涝的多年平均潮汐要素为控制，按照平均偏不利的原则选择略高于平均值的实际潮位和潮型作为设计潮位和潮型。经分析比较，1999 年略高于多年平均潮位，且与暴雨同期，因此选 1999 年实测潮位过程，作为沿钱塘江、杭州湾各排涝闸的排涝潮型。

对于涝水与潮水存在一定联系的涝区，可从多个与设计暴雨接近的若干年同步发生的实际潮型中，选取潮位较高年份的潮位和潮型，作为设计排涝潮位和排涝潮型。

思　考　题

1. 何谓承泄区，承泄区有哪几种类型？
2. 承泄区排涝水位、潮位有何作用？
3. 海域或感潮河段为什么需要设计潮位过程线（设计排涝潮型）？
4. 自排条件下内河湖泊承泄区设计排涝水位确定的原则和方法是什么？
5. 抽排条件下河道内河湖泊承泄区设计排涝水位确定的方法是什么？
6. 设计排涝潮位和潮型确定的常用方法有哪几种？各有什么特点？

参　考　文　献

[1] 中华人民共和国水利部. 治涝标准：SL 723—2016 [S]. 北京：中国水利水电出版社，2016.
[2] 水利部长江水利委员会水文局，水利部南京水文水资源研究所. 水利水电工程设计洪水计算手册 [M]. 北京：水利电力出版社，1995.
[3] 江苏省水文总站. 江苏省水文手册 [Z]. 1976.